为爱找方法

夏烈/著

夏烈教授给中学生的26封回信

浙江工商大学出版社
ZHEJIANG GONGSHANG UNIVERSITY PRESS

图书在版编目(CIP)数据

为爱找方法:夏烈教授给中学生的26封回信/夏烈
著.— 杭州:浙江工商大学出版社,2016.6
　ISBN 978-7-5178-1614-0

　Ⅰ.①为… Ⅱ.①夏… Ⅲ.①中学生-情绪-自我控
制 Ⅳ.①B842.6

中国版本图书馆CIP数据核字(2016)第079104号

为爱找方法: 夏烈教授给中学生的26封回信
夏　烈 著

出 品 人	鲍观明
责任编辑	刘　颖　赵　丹
封面设计	余一梅
责任校对	王俏华
责任印制	包建辉
出版发行	浙江工商大学出版社
	(杭州市教工路198号　邮政编码310012)
	(E-mail:zjgsupress@163.com)
	(网址:http://www.zjgsupress.com)
	电话:0571-88904980,88831806(传真)
排　　版	杭州朝曦图文设计有限公司
印　　刷	杭州五象印务有限公司
开　　本	880mm×1230mm　1/32
印　　张	7.75
字　　数	130千
版 印 次	2016年6月第1版　2016年6月第1次印刷
书　　号	ISBN 978-7-5178-1614-0
定　　价	29.80元

少年"超克力"

在微信群跟朋友们说起"超克力",大家开玩笑地问:你在说巧克力吗?你说的一定是巧克力!……以我一贯的好脾气,当然愿意各位联想到能让自己觉得美好的东西。生活理应如此,常有好心情为伴,所谓"春有百花秋有月,夏有凉风冬有雪"。不过,你们得超越一下巧克力了,听我说说。

超克是一个日本词,汉语译名能顾名思义:超越与克服。日本在辞别传统、进入现代,即"脱亚入欧""明治维新"及至二次世界大战之后,都认真地进行过"近代的超克"这样的全知识界大讨论,讲的就是在传统与现代的大历史中,日本的问题、烦恼、出路及反思。

我没有探讨日本历史的意思,但觉得这个词很有趣,内涵是好的,也比较酷:超越与克服——超克。汉语词汇中没有这个组合。我们这本书收录的26封往来信件也就是我认真聆听中学生心情的三年间,我最想说的,最能概括我心思,对诸位中学生也最有用处的词,其实就是这个"超克"。如果套用生命力、决断力、执行力这样的造词结构，我愿意提出一个全新的词——"超克力"（真的不是巧克力），让我们的青年、少年明白这是我们个体的一种能力、一种权力、一种知行合一的力量。

为什么要这么说，或者为什么要首选"超克力"给年轻人？我是有很靠谱也很要紧的理由的。如果你们（亲爱的中学生和家长、老师、所有关心青少年身心问题的人士）阅读了本书，一定会发现，当下正在最关键的成长时刻的年轻人，不由自主地受到了时代的深深压抑。也许，从来就没有人能逃离时代的压力，哪怕像网络小说主角般穿越重生，照样要面对一样或不一样的社会问题、人际关系、生命抉择——不过，中国眼前的几个代际的年轻人一方面赶上了前所未有的全球化、国际化，一方面依然要面对沉重的中国转型之际的旧文化、旧规则、旧势力——比如高考，比如城乡级差，比如父母的传统观念……新旧因素的平衡对一个人的成长、成熟未必没有好处，但我觉得新的总要比旧的多一点才好，这使人有创新和乐观的动力。还有就是父母和子女、长辈和晚辈之间要智慧地相处，换句话说，聪明的、宽阔的爱总要比粗糙的、狭隘的爱让人愉悦和怀念，可惜我们很多成人不懂、不会、不够。

面对中国现阶段的实际问题，除了父母辈也应该进行一场人生教育方面的再学习、再启蒙、再讨论，即"为爱找方法"的运动之外,我觉得同时应该有一场号召年轻人"超克"(超越与克服)时代惰性的运动。要知道,愿望的坚持就是真实。未来的中国确实是从每一个国民尤其是年轻人的梦想开始的。这种梦想有比没有好,执行比不执行好,立意高一点比低到尘埃里好,超越你们的父母比纠缠游斗在跟他们的口角中好,克服旧大陆的压抑领略世界的最高处比匍匐在过去历史的威权之下成为鬼祟的附体好——现在到了换一副眼镜来看世界和中国的时候了,也到了换一代更有能力和价值观的年轻人来建设中国、捍卫个体与国家尊严的时候了。不"超克"便会落后,没有"超克力"就会没有自觉和自信来转化某种复杂而 low 的现实。

我常常会想到将近 120 年前梁启超先生写的《少年中国说》,那种崇拜少年的精神,固然会被后来的所谓研究者们分析出时代病的成分,但我恰恰认为,这种将个体独立和国家复兴寄于少年的热望,没有得到真正的继承,中国还是太"老大",难免上面爬满了虱子。如果我们都愿意让中国成为一个既有颜值又有气质并且还有六块腹肌的帅哥,就得崇拜少年精神,就得有"超克力"!

所以说,"为爱找方法"和少年"超克力"是相辅相成的关系,是有爱的几代人彼此理解、关怀,追寻现世幸福的钥匙。

我是一个无心装高冷的人，我是夏烈，人如其名。我坚持了三年与中学生说说话、谈谈心、出出点子，感谢当年约我写稿、合作愉快的名刊《中学生天地》，尤其是辛苦帮助我的编辑们。感谢浙江工商大学出版社，欣然接纳我在青少年题材写作上的第一步。感谢为这本诚意的小书做同样诚意的推荐的各位大咖大神。感谢好友"刀刀狗之父"、著名漫画家慕容引刀兄赐我理想的美图以光篇幅。

愿岁月静好，人性丰盈，爱得其法，刚健清新。

夏烈

目　录
contents

PART ONE

家庭

悠悠寸草情

CHAPTER
01

给我自主的空间

Give me more freedom

当我们失去一些记忆中很重要的人或物的时候，内心会隐隐作痛。

当那些曾经教导和关怀过我的师长离开我的生活，我开始写文章记录他们的可敬与可爱。

人类的爱，确实可以通过往下传递得到偿还和报答。

Hello，夏烈，原谅我没办法开心地和你打个招呼。曾经的我一心期盼快些长大，因为长大以后，自己的事就能自己做决定了。可是现在，我长大了，才发现自己的事并不由自己做主。

"老爸，周末我想去阿丹家看书，行吗？""不行，你们几个凑在一起肯定没心思学习！"

"老妈，天气热起来了，我不要穿棉毛裤了。""别这么快脱掉棉毛裤，一冷一热，你会感冒的。"

"老妈，天气这么好，我们一起去逛公园吧。""唉，去公园要换好几趟车，太累了，还是在家吧，你也好多看一会儿书。"

这样的对话在我家天天上演，我的一切提议都会被爸妈否决。不是我"玩"抑郁，我真的一点都不快乐。有些时候，我觉得可能爸妈还当我是小孩子，怕我学坏，怕我受伤。可大多数时候，我觉得是他们太专制了，完全不在乎我的想法，只需要我无条件服从。

前几天，一个小学同学在 QQ 上给我留言，说"五一"要开同学会。看到这条消息，我隐隐有些兴奋。小学毕业快五年了，很多同学毕业后就再没见过，不知道还认不认得。当我告诉爸妈想去参加同学会时，他们无情地拒绝了。理由是：人都不认得了，去了有什么意思？简直就是浪费时间、浪费钱。你能想象我当时的感受吗？我一下子就懵了，为什么不能和老同学聚聚呢？

这几天，为了这个同学会，我和爸妈吵过、闹过，也心平气和地说过希望他们不要再当我是小孩子，给我独立自主的空间。可是，一切都没有用，他们还是坚决不让我参加。好吧，我也死心了。我不知道自己在这个家待着还有什么意义。

湖畔的西子

父母的唠叨永不会停

西子，你好！

你的署名实在太古典，我想你一定是个漂亮的女生，"淡妆浓抹总相宜"。（男生应该会叫"西门子"吧？笑。）

看了你的来信，我能理解你的感受。虽然我的父母都退休好几年了，头发也开始斑白，但由于我的懈怠，我至今也还只是儿子，不是父亲。所以，作为一个年过35岁的"大龄"儿子，我可以告诉你：父母的唠叨永不会停。因为，我今天还在聆听父母的唠叨。

这几天，因为需要用到存在父母家的一些书，我在父母家住。就在刚才，我老妈还在书房门口跟我说："你必须早点睡。你知道为什么你白天会觉得精神不济吗？就是因为你晚上睡得太迟！你以为你还年轻吗？你这样不肯早点睡，以后就不要在我们面前说工作压力大！"说完这些，她去了自己的房间。不到两分钟，她又跑过来："明天早上几点叫你起床？唉，你记得早点睡！"其实，我都这么大了，早已不用他们喊我起床。睡前，我会自觉设定手机上的闹铃。第二天一早，"滴滴滴"的铃声就能把我给叫醒。

你看，父母永远是父母，唠叨是他们的"闹铃"，唠叨是他们爱的表达方式，唠叨是他们还在我们身边的标志。父母在我们身边不停唠叨，这是我们没的选的。而且，到生命的某个阶段，我们还会很想念这种唠叨。所以古人才会说："树欲静而风不止，子欲养而亲不待。"

换个角度思考父母的唠叨

令我们觉得"烦"的是，父母的唠叨常常限制我们的自由。比如，你说天气很好想去逛公园，老妈却拿出了我们最不爱听的老生常谈——多看一会儿书——来拒绝请求。又比如，你觉得天气热起来了，不想穿棉毛裤了，但长辈对冷热的感知往往和我们不同，他们限制起我们的穿着来也毫不手软。

面对这些，要学会换个角度思考。比如，你老妈对于去公园玩有这么一层意思：换几趟车太累。的确，现如今城市的交通越来越糟糕，去远点的地方有时候是乘兴而去败兴而归，所以最好换个人少、交通便利的时候去。其实，跟老妈在家附近走走聊聊也不错啊！至于老妈说的"一冷一热，你会感冒的"，就更要自己体味了。我们常常是"要风度不要温度"，生病了又要依赖父母的照料。我过去也常这样，现在倒是有些后悔不听老人言了，生活经验上多听听他们的未必不好。

理解父母的固执，巧妙化解矛盾

还有些时候，父母会固执地用他们那个年代的观念来"统治"孩子，这才是"两代人的战争"中最为纠结的事儿。比如，你要去同学家复习，你爸觉得"你们几个凑在一起肯定没心思学习"；你想去参加同学会，爸妈又觉得"人都不认得了，去了有什么意思？简直就是浪费时间、浪费钱"。这样的理由是有些"囧"。

父母为什么会如此固执？这得从他们的经历说起。过去的时代要求他们思想简单、整齐划一、疾恶如仇、天天向上，可现在的社会强调思想开放、适者生存、优胜劣汰、与时俱进。如此不同的价值观施加在一个人身上，要转型是非常艰难的。孩子们在很多事物上有超越父母经验的优点，父母未必不知道，但传统思想告诉他们：父母是权威。这使得他们有时候只会固执地用生硬的腔调告诉我们这个不行、那个不对。

我仔细观察过当下的"两代人的战争"。有很极端的，比如豆瓣上有个名为"父母皆祸害"的小组，讲了很多两代人不能沟通的问题。有些父母确实固执得厉害，但说"父母皆祸害"就太过偏激了，这是没有能力和耐心去理解父母、与父母沟通的表现。也有很幽默的，像北京一个10岁女孩编了个"斗妈大全"，里头的各种招数诙谐十足，也确实有用。推荐你看看，没准儿你会从中找到灵感，创造出自己的"斗妈招数"。

所以，虽然面对父母不近人情的固执我们没的选，但聪明豁达的孩子不抱怨、不焦虑，学会理解不同时代、不同观念的人自然会有的差异，巧妙地去化解矛盾，去学习父母的优点，摒弃他们的缺点，创造优秀的自己。这就像一道必答题，只有完成了考题的孩子，才会拥有真正的自由。

祝你早日获得想要的"自主的空间"。

—— *Tips* ——

▲唠叨是父母表达爱的方式
▲面对父母不近人情的固执，要从两代人的差异入手，巧妙化解矛盾

今天有些小私心，推荐自己的书：《无法独活：致喂大的年轻人》。这是我多年前和几个"70后"朋友一起写的，写给"80后""90后"，我觉得也可以给"00后"参照，总之是跟年轻的你们像兄弟般谈谈我们一起生活的世界、社会、中国。有点儿严肃，有点儿幽默，有点儿痛苦，也有点儿撒欢。

从写作这书开始，我意识到，我应该告诉年轻人，找到自我是我们一生中第一件重要的事情，然后再谈爱，谈理解，谈宽容，谈事业有成，否则人生就不好玩，没意思，也没意义。

CHAPTER
02

为爱找方法（上）

Find a better way to love （I）

　　所谓平等的关系，就是人与人之间是朋友，可以一起交流分享，即便是父母和孩子。当我们是孩子时，我们能收到父母的分享；当我们是父母时，孩子则唤醒我们珍贵的回忆。我很感谢我的家人，我的成就是他们给予的。

Hello，夏烈！

最近，我总是受到来自老妈的打击。她老是嫌我这么大了还不会煮饭，可我自己一人在家的时候都是自己照顾自己的。傍晚，在爸妈回家前，我就开始洗菜、淘米，只不过没炒过菜。我知道妈妈下班很累，想吃现成的晚饭，但也不能就这么说我没用啊。想来村里人都羡慕她有这样一个能自理的女儿，她怎么就不想想我的好？

还有，我想买什么，例如衣服，她便说："不行，因为你让我失望。"虽然，最后她可能还是会帮我买的，但听到那样的话我真的很痛心。

我知道是什么让她很失望。初中时我是学校的好学生，应该说成绩挺好。周围人的羡慕声，妈妈是听得挺多的。后来，我进了我们这里最好的高中。但进去以后，我的成绩一直排在靠后的位置，每次较正规的考试都没考好。时间一长，我的战斗力大概是没了，脑子也没以前好使，成绩自然大不如前。

我能理解妈妈这样的态度，我知道她也为我着急，但我受不了她坐在那里喋喋不休地说我没用，带着坏笑在别人面前嘲笑我，却从没想过要了解我、倾听我的内心。记得曾和她说过学校里没朋友的事，她说不出可以解决的办法，沟通只能变成一种重揭伤疤的诉苦。

有时我想，妈妈的恨铁不成钢是因为自己还不够努力，便也淡忘了。但一旦陷入那种负面情绪，我便心痛得想哭。我该怎么办？希望您能给我点建议。

Elena

Dear Elena,

Thanks for your letter.

你的英文名字是我喜欢的那类，Elena，"光辉的人"，过去在欧洲，上流社会那些聪慧美好的淑女常取这个名字。在这里，我也争取优雅地回答你的问题。——优雅，对的，生活确实可以这样，理智冷静地分析，合乎情理地栖居。这样的生活境界，考验的是我们的修养。修养是一种学习、一种思想、一种耐心和一种态度。

妈妈的态度不好，但希望你调整态度

我们先从态度讲起。妈妈给你的压力和挫折感，首先源于她的态度，她"打击"你，她喜欢对你说"不"，她很"失望"，她"着急"，她"喋喋不休"，她"坏笑"并"嘲笑"你，我由此判断，妈妈的态度不好。

这样，不如你先调整自己的心态。

培养耐心，包容妈妈

调整心态，这就涉及第二个关键词：耐心。我比你痴长至少一倍的年龄，知道人世间缺不了耐心这个词包含的所有意义。小时候我们听过"水滴石穿""只要功夫深，铁杵磨成针"，起先是天真地崇拜，后来自己有想法了，又天真地认为这种观念很傻，干吗磨铁杵啊?! 简直是浪费生命。现在再回头想，其实还是有道理可学的，比如，坚持和等待还是很重要的。当你有了目标，安静地做好这一件事，最终定然有不错的收成。工作如此，学习如此，一段良好的感情何尝不是如此。和妈妈的沟通，就是费时的活儿，要慢慢来、细细积，千万不要一开头就认死和妈妈无法交流。

关于"说"的艺术，重点不在于说什么，而在于怎么说。我少年时候看过一则笑话，说一个吝啬鬼落水了，邻居去救他，说"你把手给我，我拉你上来"，他居然缩了手仍然在水里扑腾；邻居马上改口，说"我把我的手给你，你拉着上来"，他急忙努力伸手，结果得救。说这个笑话，不是说你妈妈是"吝啬鬼"，而是说你能不能做个聪明又善良的"邻居"？

或许你会问，我一个小孩子家，干吗那么累地伺候父母的心情啊？我自己更不好过呢，他们怎么不伺候我呢？
——也是啊！但你有耐心、有办法不就显得你有修养吗？
有修养的孩子就会看着焦虑的爸爸妈妈发出微笑，不让他
们耍小孩脾气，让他们安心事业，让他们在心里暗暗生出
对你的赞美、爱甚至尊敬。

再送你一点解决之法

一般我答复到这儿也差不多了，不过 Elena，你有个
好英文名，我再送你一点解决之法吧。

首先，要尽快学会如何处理生活、工作和学习中的问
题，看大局、抓重点。从你信中透露的信息，你妈妈所有
的态度的缘起是因为你的成绩下降了，其他什么炒菜做
饭、冷嘲热讽、买不买新衣服都是这个问题的外化，都是
细枝末节。其实你也已经意识到，是初中到高中的成绩变
化引发了她态度的变化。那么，抓住妈妈的核心注意力，努
力提高成绩，不要妄自菲薄说自己"战斗力大概是没了，
脑子也没以前好使"什么的，把精力集中一下再好好试试
吧！凭你初中名列前茅的光辉历史，我看一切皆有可能。

其次，碰巧有合适的书或者电视剧专门谈两代人关系
的，尤其是能说明父母偏执造成沟通失效或父母民主带来
彼此关系融洽的，可以想办法比较自然地让它出现在你妈

妈的眼前。我开头说过，修养是一种学习，这对我们每个年龄段的每个人都是适用的，都是需要的。目前看来中国家长就是不太重视学习的一个群落，对于人的理解、教育的理念、心理的沟通，都缺乏常识和方法。可能中小城镇的父母更不在乎这方面的学习。那么，我们就一起为中国父母安排点儿学习的机会吧。

最后，我还是想强调沟通。你一个人觉得沟通比较累，就发动家里其他人帮助沟通，比如通过爸爸，或者跟妈妈要好的又通情达理的至亲好友。多沟通交流一定比不说闷着好，闷着的话影响你们一辈子的感情也说不定。

我真诚地希望，你能逐渐化解和妈妈的问题；也真诚地希望，中国的父母更加自觉地理解孩子，放宽心态，为自己的爱找到好的方法。

—— *Tips* ——

▲调整心态，施放善意，重视对方

▲培养耐心，修炼沟通的艺术

▲抓住和父母之间的主要矛盾，其余细枝末节的问题皆可迎刃而解

今天推荐一本儿童读物《爱的教育》，作者是意大利作家亚米契斯，译者是夏丏尊先生。

这是一本日记体小说，以男孩安利柯的眼光，讲述了他上四年级时在校内外的所见、所闻和所感，包括发生在安利柯身边的各式各样感人的小故事，还包括亲人为他写的许多劝诫性的、具有启发意义的文章，以及老师在课堂上宣读的感人肺腑的每月故事。

虽然这是一本儿童读物，书中讲的是小学生的故事，但它适合每一个有爱心的人阅读。阅读它，你会了解到如何成为一个有勇气、充满活力、正直的人，一个敢于承担责任和义务的人——不仅是对家庭，还包括对社会的责任和义务。

CHAPTER

03

为爱找方法（下）

Find a better way to love （Ⅱ）

孩子是成人的镜子，清清楚楚地映照出我们的严肃与玩笑、优雅与粗俗。所以，请留心您的举止。孩子也是成人的参照，在他的成长过程中，可以看到我们的过去、我们与自己父母的关系。所以，请珍视这次再学习的契机。

写这个专栏一直有个令我忧虑的地方——各位同学习惯向我倾诉困惑和痛楚，盼望我给点立等可取的建议，于是我的邮箱日渐成为问题邮箱、心理热线以及人生指南求助站，这让我的地位一下子上升到喜剧演员和心理医生的高度。这两种职业输送福利给郁闷的人，但自身却很容易患上抑郁症。上一节回答了 Elena 同学要怎样看待和处理来自妈妈的"打击"之后，为了放松心情，我准备和大家谈些快乐、轻松、优雅、有创意、有才情的话题。青葱岁月，大家可以谈谈文学跳跳舞，或者谈点宏观的，讲讲历史哲学我也还在行。

可这个时候，编辑的 QQ 头像适时地闪起来，说编辑部看了《为爱找方法》，立马决定继续这个话题，认为很有必要让我为各位同学的父母写一篇文章，告诉他们如何与孩子相处。目前看来这很有必要。——不是吧?! 放轻松的念头只能留到下次。这一次，我将继续扮演喜剧演员和心理医生的角色，和同学们眼中的"问题父母"谈谈。

温饱不愁，孩子自然期冀情感上的关怀

如果您在平时就愿意读一读孩子们订阅的杂志，我首先恭喜您，您可能是一位好爸爸或好妈妈。为什么这么说？因为您有一颗并未因岁月流逝、工作繁忙、孩子长大

或调皮叛逆而变得僵硬如石的关怀心。

如果您今天不过是迫于孩子的要求，甚至是因为今天有点无聊，所以才翻到了这一页，我很荣幸但也为您庆幸，因为沟通的门径可能因此越来越宽。

或者，您会说，我们对孩子一直都很关心啊，让他（她）吃饱穿暖，凭什么说读一读孩子的杂志才是有一颗关怀心呢？那我真有必要跟您解释解释，这两种关怀不尽相同。

曾几何时，在物质贫乏的年代，男人努力工作养家糊口，无论外面多艰辛，就为了三餐不落；碗里有块肉，也夹给老婆孩子吃。这不仅是改善物质条件，也是精神上的爱与责任的体现。现如今不同，国家经济大发展，除了特别贫困的家庭外，基本的物质生活不成问题，孩子们自然期冀在情感世界中有高于物质的关怀，比如陪伴与交流、认可与赞扬、倾听与理解，比如言传身教，比如共同学习，拥抱世界……他们不可能仍然把一块肉当作爸爸妈妈的爱与关怀的重点。

我见过的糟糕的父母总是在训斥孩子，他们的口头禅是："我那么忙，辛辛苦苦赚钱，都是为了你!"而聪明的父母总是在跟孩子聊他们熟悉、喜欢的东西，聊着聊着，把善良、真诚、思想力、判断标准和为人处世的好方法都教给了孩子。孩子因为良药是裹在糖衣里的，就愿意一试，当他们发现父母教他们的招数和品德在生活中有用，会得到他人的肯定、赞扬，他们就开始坚信这些人生信条，同时开始主动思考和实践怎么能做得更好，获得更大的精神乐趣，从而形成有益的世界观、人生观、价值观。

所以，有空跟孩子一起读读他们喜欢的杂志、图书，看看他们喜欢的动画片、电影，听听他们之中流行的音乐吧！我保证，智慧的您会变得更年轻。

"父母并不完全正确"的三个事实

做父母的就是完全正确的吗？不！做父母的，我建议大家接受这样几个事实：

第一，时代不同，观念就会有差异。中国近三十年来变化尤其快，我们成人扪心自问，少年时被灌输的价值观是否就是我们今天实际信奉的价值观？如果我们不承认时代不同会导致观念的变化，固执地守着我们过去的一些教条，或者迷信我们现在信奉的一些教条，要求孩子跟我们整齐划一，那么，这些教条难道不会在孩子们成人之后也变得不合时宜、成为错误？我们尽可以和孩子讨论，并且宽容和守护他们的一些新观念、新思想、新爱好。

第二，我们这几代成人是有自己的常识缺陷和精神盲点的。许多父母在训斥孩子的时候理直气壮、家长主义至上，但在自己的行为操守中，有时连一个合格的公民和现代人的资格都不达标。比如，是我们成年人在生产地沟油，往食物中添加有毒色素，掩盖奶粉中含三聚氰胺的事实，这些不过是为人的底线，按理是人都不齿做的，但我们偏偏做了。也许您会说这些事跟我无关，那我不知道您是不是做过闯红灯、插队、乱扔垃圾这样违背基本的社会文明和秩序的事，所以，我们要抓紧学习和反思。

第三，所有孩子的问题归根结底都是成人的问题。世界是他们的，更是我们的，每个孩子都是白纸，给他什么样的社会、给他什么样的家庭、给他什么样的父母，他就能变成什么样。父母在说气话的时候经常会讲"我不知道你怎么会这样"，说实话，您不明白孩子为什么会变成这样，其实就是您不明白自己为什么会是这样——我的话有些难听，但这是真相。

给父母的建议

鉴于上述理由，我想给您几点建议：

第一，言传身教很重要。如果我们自己不思进取、只会抱怨，那孩子是教不好的。麻烦您不要简单地把责任都归咎于学校教育和老师，别人有再多不是，您自己先问问自己有没有不是。

第二，在今天，家长的权威已经不可能来自传统社会的君臣父子那一套了，也不太可能来自父母在知识技能上的优势，电脑、网络、手机、iPad，父母要倒过来向孩子学习怎么使用。今天家长的权威来自您对孩子性格和心灵建设的作用，来自您陪伴他（她）度过了他们最需要您在边上守护、交流、分享的年龄，让他（她）独立成人、面对世界，让他（她）知道您在他们生命中无可取代。这是一种"在场感"，而不是在孩子需要您的时候，您都忙着赚钱而忽视了他（她）的身心诉求。

第三，我说时代变化、观念变化，不是取消我们成人的价值观的指导作用，有一些底线伦理还是要您来告诉孩子的。比如，作家麦家有一段话我觉得说得很好："人类的精神应该是有常数的，比如我们对友爱、善良、孝道等品质的向往和传接是不能变的，变了人世就会失去基本的坐标和底线，乱了套。没有常数，我们无法对自己的行为做出肯定。没有肯定，否定又如何会有力量？没有常数，一味地变来变去，把人世变得黑白不分、真假难辨，我又如何去与一只无头苍蝇作别？"

第四，一定要注意与孩子沟通的方法。不学习，不揣摩，不思考，最终会被您自己生养的孩子难倒，甚至感到巨大的痛苦。所以要学习方法，不要吃没有文化的苦。也许您会说，菜场卖菜的某某、捡垃圾的某某，他们文化程度都不高，但子女却能成才，怎么回事？很简单，他们正好做到了我前面提到的三条建议。所以，学历和地位有时候跟懂不懂教育、有没有文化没一点关系。

各位家长，真心渴望看完这篇文章，您能开始思考如何与孩子更好、更和谐地相处。当然，孩子们也别偷着乐，你们同样要懂得找自己的问题，为自己的发展定位。

——为了防止父母误会这是一个"反家长"的专栏，请他们参照阅读本书其他各篇，谢谢！

—— *Tips* ——

▲孩子们期冀在情感世界中有高于物质的关怀，比如陪伴与交流、认可与赞扬、倾听与理解，比如言传身教，比如共同学习拥抱世界

▲所有孩子的问题归根结底都是成人的问题，世界是他们的，但更是我们的

前文那些我的肺腑之言，身为家长的您也许认同，也许不认同，这都不要紧。在这里我要推荐一些书，我把它们归类为"家长的自我修养"系列，相信每个家长在阅读它们的过程中都会收获感悟，这些感悟能帮助您成为孩子心目中的好爸爸或好妈妈。

"家长的自我修养"系列图书：

《目送》（龙应台著）

《傅雷家书》（傅敏编）

《丰子恺儿童漫画选》（丰子恺绘）

《告诉孩子，你真棒！》（卢勤著）

《我们现在如何做父亲》（单篇）（鲁迅著）

CHAPTER
04

抽离父母争吵的旋涡

Stay away from the parental quarrels

这世上可启示我们的禅机总是比想象的多。重要的是我们遇见它们之后坚持新的转变。听从心的领悟是件难事，并且如莲花遮蔽在满塘荷叶之后，风行而现，转瞬即逝。

Hello，夏烈。写信给你是要说说我父母的事。我爸平时爱打牌，每天晚饭后都会去棋牌室。前一阵子，他不小心摔断了腿，在家休养，结果他干脆整天都待在棋牌室了。

　　关于打牌，我妈对我爸一直怨言颇多，以前就吵过不少次。现在，看到爸爸瘸着腿还整天在棋牌室，我妈的怨气就更大了。念叨三四回不见效后，她终于爆发了："打牌打牌，你只晓得打牌，棋牌室里有神医能把你的脚治好是不是？还是有其他吸引你的东西，每天要去？你有没有想过家里还有老婆女儿啊？赚来的钱全都送给棋牌室好了！嫁给你这么多年，你有没有对我好过？有没有帮我洗过一次碗？我做牛做马照顾全家，难道是我欠你的？""打两局麻将怎么了？烧饭洗衣服是你们女人家的本分，你有什么好抱怨的。不愿意做就别做，总有人愿意做的！"……总之，他们把陈芝麻烂谷子的事都拿出来吵，吵完了就开始冷战，家里的空气都凝固了。

　　现在，妈妈带些食堂的饭菜回来就当是晚饭了，也不愿和我多说话，爸爸则打牌打到很晚才回家。家里其他亲戚朋友也来劝和过，不过他们摆出了一副谁也别来管，大不了离婚的姿态。

　　家里气氛不好，我也没心思学习，每天都觉得回家是种折磨，我都想住到同学家去了。上星期英语单元测验，我的分数下降得很厉害。我把试卷拿给妈妈签字，不出意外地挨了一顿批，她说我不懂事、不争气，说她只能指望我了……我不知道该说什么。

说实话，我也看不惯我爸的态度，一直不管我、不管家，只惦记着打牌。有时候我想，他们离婚了也好，我跟我妈过，日子兴许能清净点，只不过妈妈的希望可能会压得我喘不过气。

我和最要好的同学说过家里的事，询问是做点什么劝和父母还是随他们去，她也不知道怎么办。所以，我只能把希望寄托在你身上了，求求你给我些意见。

无助的桃子

桃子，你好！

你很郁闷吧？我也是。读了你的来信之后我就郁闷了，一个人在书房的藤椅里呆坐着。我不抽烟，所以觉得缺了点什么，否则可以把自己躲藏在烟雾中，增加一点温暖感、一点苦涩中的可依靠感。但是，没有，环境还是这样直刺刺地耸立在我们周边，不是梦——在梦里，恐怖一会儿也就过去了；在生活里，它可能长期存在，像一条机械的狗，被设定好程序按时狂吠，搞得我们不得安宁。

拉回思绪，我还是实在地为你考虑考虑吧。为了帮助你，我想我得先从郁闷中走出来。我们若不能自救，就不能帮别人；更何况，别人终究是别人，归根结底也是不能完全依靠的。

家庭和父母无法选择

家庭和父母无法选择。如果可以选择，你现在肯定不愿意待在这个家庭，这样一个环境对你不公平。对于每一个成长中的年轻人来说，有两个条件最好能达到：一是基本的物质条件，二是基本的爱的氛围。我们并不需要也不可能家家户户都大富大贵，但我们对于衣食无忧、爱与和谐的底线诉求并不贪婪。一个好的社会、一户好的人家、一对好的夫妻，理应按照这个底线诉求去完善，否则，就是成年人缺乏责任感，对孩子不负责任。

但是，生活总有这样那样的不完满。有不少年轻人跟你一样，并没有享受到这些基本的"福利"，所以即使你有所埋怨，也请振作，因为我们还要一起设法为你的未来动动脑筋。

求人不如求己

那么该怎么办呢？我前面说了，求人不如求己。当我们发现所处的环境不够好，甚至有些东西一时无法改变的时候，要学会从这个糟糕的情况中跳出来，理智地分析，为自己着想、规划。这就好像你在迷宫中不知方向了，就得想办法登上高处俯瞰全局，看明白逃出去的路径。这种跳脱出来、理智俯瞰的意义就不多说了，我直接传授方法。

你应该看到，目前你父母的争吵是一个无法瞬间解决的扭结，这是他们彼此的性格和习惯造成的，尤其是你老爸! 那么，与其把所有精力放在调解他们的关系，试图尽快让他们和睦无隙上，不如把精力放在发展壮大自己，为自己有更愉快的心情和将来有更好的前途上。

为自己的前途和好心情努力

什么才是你更好的前途和更愉快的心情？在我看来，更好的前途就是你的成绩，这是决定你升学的关键，所以你绝对不能放弃、懈怠，不能不知不觉地被"不懂事"的爸妈牺牲掉。你要把注意力从他们纠结的争吵现场收回来，放到自己的学业规划上，该复习的时候就复习，要做题的时候就做题，必须牢牢把握上课时间。回家之后没有好的环境让你自习，这是你比别人不利的，但真正的好学生都是抓住课上那 45 分钟的人；即便回家，你也可以关上门看你自己的书，而不必时时刻刻徘徊在爸妈周围，"享受"折磨。

　　一样的道理，更愉快的心情来自学习成绩提高带来的成功感和自信心，来自同学朋友相处时的欢乐，来自面对好天气、美丽风景、春风拂面时的青春张扬……你已经体味过父母争吵带来的痛苦和沮丧，那感觉已经够了。所谓酸甜苦辣咸，你还得去尝尝别的生活滋味，不要被他们酿造的"苦"呛着了。

　　就这样，你一点点修炼自己的智商和情商，事情就会朝着好的方向改变，未来的规划会逐渐清晰，你就成为你自己了，而不是过去父母身边的受气包小孩。只有明白自己是谁、可以怎样做的时候，"人"字下面就加了个"1"，成为"个"字，个体独立是我们人格健全、开始为自己做主的状态。就把这次父母争吵带来的不利转化为自我成长道路上的机遇吧，转化得好，任何坏事都会变成好事。

怎样看待你的父母

关于你父母，你爸爸显然是"顽劣"的代表，而你妈妈，因为丈夫的顽劣、不负责任，终变成"怨言颇多"的唠叨的苦人。你认为爸爸每晚打牌、瘸着腿还变本加厉地打牌，是矛盾的"罪魁祸首"，这一点，我完全同意！可以这么说，你爸爸在打牌上所显示的痴迷跟青少年玩电脑游戏成瘾是一样的，他罔顾自己的年龄、身份和家庭责任，沉溺在牌局里，无异于把自己降格到青少年缺乏自控力和责任心的阶段，我非常遗憾。

男女两性在人类社会中的定位与配合是一个权利与义务的统一，你老爸显然未能理解这一点。哪怕自己天天打牌，老婆也应该认同："烧饭洗衣服是你们女人家的本分，你有什么好抱怨的。不愿意做就别做，总有人愿意做的……"——说出这话是完全忘记了男人应该有的责任感，随之而来的当然是家庭中的另一半的悲观绝望，你妈妈的抱怨和对你的期望都是由家庭的失和而产生的。不过，你爸爸会有这样的表现，应该与他自身的成长、教育经历及生活环境有关，他的改变依赖于他自身的悟，不是你可以改变的。

你是来寻求方法的，常规来讲，有几个办法可以努力一下：

（1）家里的长辈应该介入，他们毕竟在身份上有权威。你说"家里其他亲戚朋友也来劝和过，不过他们摆出了一副谁也别来管，大不了离婚的姿态"，我不知道这里面是否包括祖父母，我建议可以在无法调和的时候求助于他们。如果他们年老体弱，还可以请家族中有威望、有智慧的亲戚朋友再做点协调。

（2）你可以单独找父母谈话、谈心。一般正常的父母，至少还会顾及孩子的命运。你跟他们亮明自己的痛楚与困惑，并表示这种争吵的环境对你的成长、前途毫无好处，已经产生坏的影响。我想，你的推心置腹和无奈无助，多少会触动他们。

（3）假如家里有剧烈的冲突或严重的暴力发生，你也可以联系社区、妇联等社会组织寻求帮助。

而以上这些常规方法在实施时，请你同时保护好自己。因为你不但是你父母的女儿，也是一个会拥有自己未来生活与幸福的个体，所以，一定要珍视自己，对自己负责。

最后的几句话

最后还想对你讲几句话：

（1）根据你信中描述的状况，你父母看起来只是吵得严重了些，说离婚，似乎还为时过早。但不管怎样，我理解你的担忧。只是，婚姻是你父母两人的事，你需要的和所能做的，是尊重他们的选择。这种尊重，是你有充分的理解能力和日益成熟、独立的标志。

（2）我们其实完全可以也应该超越父母。如果你明白我今天说的核心意思，你就会知道一个优秀而快乐的自己才是我们活在这世界上最大的价值，也只有你优秀到自己的心智有了高度，你才能同情别人、怜悯别人、关爱别人、造福别人。世界很大，不幸天天有，只有超越那些小小的不幸而成就自己的人，才是这个世界美丽和魅力的真正领略者。我希望你最终成为那样的人！

我也希望在读这个专栏的每一个中学生，最终都成为那样的人！

—— *Tips* ——

▲酸甜苦辣咸，皆是生活的滋味，别光让"苦"味呛着了
▲成为一个优秀而快乐的人，才是我们活在这世界上最大的价值
▲合理判断父母的问题，寻找可行的解决方式

找到自己是我们一生中第一件重要的事情，
然后再谈爱，谈理解，谈宽容，谈事业有成，
否则人生就不好玩，没意思，也没意义。

　　《悲惨世界》是由法国著名作家维克多·雨果于1862年发表的一部长篇小说。故事的主线围绕获释罪犯冉·阿让试图赎罪的历程，融入了法国的历史、建筑、政治、道德哲学、法律、正义、宗教信仰。主人公冉·阿让一生坎坷，他本是一个本性善良的劳动者，社会的残害、法律的惩罚、现实的冷酷使他盲目向社会进行报复，以致犯下了真正使他终身悔恨的错事，而这种悔恨却又导致一种更深刻的觉悟，成为他精神发展的起点，促使他的精神人格上升到了崇高的境界。

　　《悲惨世界》内容丰富、内涵深刻，不同的人读有不同的感悟。今天推荐它，是想告诉大家，不论环境怎样，都要为自己有更好的前途和更愉快的心情而努力。如果觉得看书太累，也可以看看汤姆·霍珀执导的电影版《悲惨世界》。

CHAPTER
05

爸爸和我

Dad and me

父亲曾经是我崇拜的人，那时候我很小，生活很安稳。后来父亲逐渐失去了值得崇拜的光环，我长大了，社会也迅速变化，但父亲却认真而沉着地应对着生活。如今父亲是值得我疼爱的人，他老了，我却要向他学习认真而沉着地应对生活的态度。

Hello，夏烈！我是一名高三学生，一直看《中学生天地》杂志，很久以前就想给你写信了，今天终于提起笔来……

我和爸爸的关系不好。小时候，我就没有生活在他身边，现在想来，这可能正是我们之间有鸿沟的原因。我的家人都不太擅长表露感情，我也一样。我总是惹爸爸生气，一旦他的态度变差，我也会怒火中烧。有时我会傲慢地反驳他，但事后我都会后悔。想到他养育我的辛苦，我感到很惭愧。我真的不想这样，这让我觉得自己连家里的琐事都解决不了。

我一直知道自己是个自卑的人，自卑体现在各个方面。说来真的可耻，爸爸来学校找我，我竟然会担心同学们看见他。虽然我一直想让自己变坚强，但想到这儿，我就想哭。明明知道这样太对不起爸爸，可我就是无法控制自己这可耻的念头。

我常处在矛盾中，真的好难受。老师说现在"拼父母"是普遍现象，但我们更应该努力"拼未来"。那么，我什么时候才会真正长大，不去在意这些外在的东西，让内心变得强大呢？

夜

亲爱的夜，你好!

读你的来信令人沉思，感觉生命的河水并非总是轻舟快舸、碧波送流，时时也不免凝滞黏稠，像是载不动这许多愁。

来信总的是讲你与父亲的隔阂，但这里头还有些复杂，可以分出好几个层次。如果我讲得太笼统，也许会有隐患，显出我的不负责任——做这个专栏至今，我越来越感觉到人们的内心是多么渴望交流和开解，如果这个工作做得不及时，心里的疙瘩就会像堵住血管的栓塞，血流不通畅，总有一天危机会爆发。

所以说，我呼吁能读到这个专栏的家长和老师注意孩子们的心理问题，我们并不需要总是那么忙而忽略与年轻生命的愉快交流；我们不应该只注重成绩和考学，即便社会的标准似乎很功利。我们的目标不正是改正和建设起一种更好的人性发展环境吗?

对于读这个专栏的同学而言，我希望你们有可能的话尽量读读这个专栏从头至今的所有内容。有时候一封回信会疏漏一些，不够周到，但我确信，如果你愿意做更全面的阅读，那么你就能更理智地看待人生，自我建设也会比较完善。

接下来，让我们追随来信的层次往下走。首先，来说第一个关键词——

"距 离"

"我和爸爸的关系不好。小时候，我就没有生活在他身边，现在想来，这可能正是我们之间有鸿沟的原因。"
——我不知道爸爸和你当时不在一起的原因，但类似情形在今天的中国不在少数。我想到很多外出打工的父母和"留守儿童"，时代的发展造成了他们两代人的"距离"，我们在彼此的成长过程中都可能错失了很重要的东西。

距离既是客观的，也是主观的。你和爸爸长期不在一起，这在客观上加深了你们身心的距离，容易形成难以跨越的沟壑。但还有一个主观的距离，是我们心理上的陌生以及对这种陌生的无法克服与化解，最终导致距离成为鸿沟。有些父子，他们天天生活在一个空间里，依然矛盾重重、相看两厌，什么原因？主观上无法破解彼此的陌生。客观的距离是真实的，但有补救的办法；而最远的距离则是明明在一起，心却隔得很远很远。那么，怎么缩小主观的距离，让彼此的沟通变得容易？

在解答这个问题之前，还有另一个关键词需要讨论——

"压　抑"

"我的家人都不太擅长表露感情，我也一样。我总是惹爸爸生气，一旦他的态度变差，我也会怒火中烧。"——不擅长表露感情，这一点真的是切中要害。

我观察了很多中国家庭，家长和孩子都不擅长表达情感，即便内心蕴藏着很深很深的爱。这可能跟我们这个民族传统的教养、气质有关，很多事羞于启齿，不讨论、不自由辩论、不及时研究，而是用压抑的态度，酿成习惯，酿成内向的自我。我们比不上一些少数民族的同胞，他们跳舞、唱歌、狂欢，用艺术手段宣泄心中的喜怒哀乐，也不习惯如西方人那样用拥抱、亲吻来拉近人际距离；我们过去还有很多身体的、心理的问题是不能拿出来说的，父母也不知道该怎么应对，只一味地喝止。现在看来，这些传统的积习影响着每一户家庭和每一个个体。

要缩小跟父母的距离，首先要打破自己一味压抑的情感和表达习惯，试着从生活中细小琐碎的、不易起冲突的事聊起，跟父母唠唠家常。不能到有了焦点问题、易起冲突的敏感话题才开始语言的碰撞，这样注定是"怒火中烧""反驳"和"后悔"。只有平时多做愉快的沟通，关键时刻才能有商量的余地和把控的经验。当然，本来这个工作是双向的，不只你要疏导、释放、沟通，父母也能从平时做起那就最好了。

接着，你的来信透露了第三个关键词——

"自 卑"

"我一直知道自己是个自卑的人……说来真的可耻，爸爸来学校找我，我竟然会担心同学们看见他。"——这一段你写得有些含糊，没有举例子，不过情况我一想便知。一定是爸爸的身份地位和文化修养让你觉得没法跟同学们的父母比，怕丢脸，便不希望他在学校出现。中国很多少年都有这样的心态，这是个典型的问题。

我想告诉你的是，如果说家庭是我们唯一不能选择的命运安排的话，那么，上天此后给我们的则是各种可能性。有些年轻人，出身的家庭非富即贵，比如2013年轰动中国的李某某事件，其父母都是知名的军旅艺术家，但反而因为环境的优越、父母的失教，屡犯法律和道德所不能宽宥的罪愆。而有些年轻人，正因为家境贫寒，早懂事、早当家、早努力，结果事业有成、为人景仰，世界上到处都有这样的成功者，比如李嘉诚、奥巴马。所以，正如你老师所说的，"拼父母"不是你们目前需要考虑的，智慧而有为的人考虑的是"拼未来"。

既然我们打定主意依靠自己改变生活质量，那么就该以从容和感恩的心看待父母的含辛茹苦。即便他们性格上有缺点、不善于表达自己的感情，但必定有他们的可爱、善良值得我们记取、珍视、尊敬。

其实即便是高学历、有地位的父亲，在他们孩子的眼里，也不是始终都"高大上"的。我清楚地记得我的导师，一位著名的学者、教授，在一次聊天中说起，他女儿以前一直觉得父亲忙忙碌碌照顾不到家里，又是文科的教授，写的论文、做的课题很不实用。后来，她终于也要成为文科硕士了，由于担心自己的论文无法通过答辩，就请父亲帮忙看看，教授便提了非常宝贵的修改意见。在论文答辩那天，凭借父亲的意见顺利通过答辩并受到好评时，她才第一次感到：我的爸爸真了不起！你看，一个孩子认识自己父亲的价值容易吗？而一个父亲为孩子、为家庭所做的就更不容易了！

最后一个关键词——

"强　大"

我特喜欢引用老子的《道德经》，要说明个体的强大问题，里头也有智语："知人者智，自知者明；胜人者有力，自胜者强。"真正的强大总是需要时间和历练的，不过，了解自己，并且克服自己的弱点、依靠自身力量的人，始终是人生的强者。

那么，你大约已经明白该怎样面对父亲与你的隔阂了吧?

在写这封回信的时候，我刚好看到一条微博，抄下来与你们分享:

今天再大的事，到了明天就是小事;今年再大的事，到了明年就是故事;今生再大的事，到了来世就是传说。我们最多也就是个有故事的人，对自己说一声:昨天挺好，今天会过去，明天会更好!

—— *Tips* ——

▲打破自己的表达习惯，释放自己压抑的情感，从生活中不易起冲突的小事入手，以此缩小和父母的距离

▲家庭是命运的安排，智慧而有为的人考虑的是"拼未来"而非"拼父母"

▲克服自己的弱点，依靠自身力量的人始终是人生的强者

今天推荐一本漫画故事书吧——《冥列 748·唤醒爱》。

这本漫画故事书是我的好友、作家南派三叔送给我的，他寄来了一大堆与他有关联的出版物，这本书他写了序来推荐。当我翻开它，已是半年之后了。我在冬日的阳光下一页页翻看这本有趣的漫画书，结果被震住了——

那个在冥列上"我"不认识的哥哥为了把误上冥列的"我"送回人间，经受了苦难折磨。谜底最终揭晓，"我"是因为与母亲的隔阂和误解才错过了曾经可以沟通的机会，或者说，有一种深深的爱是需要我们用生命体会的。那么，当下的我们应学会珍惜。

PART TWO

恋爱
栀子花开时

CHAPTER
01

学会放下

Learn to let it go

　　与中学生交流，我备感荣幸，因为我自此觉得还有年轻人在听我这个大叔说话。人归根结底是孤独的，所以常渴望交流。事实证明，交流让我们彼此受益。

Hello，夏烈！我是一个普通的高二学生，上个学期，我和班里的一个女生交往了，结果，我们俩的成绩都退步了。后来，在父母和老师的强烈干涉下，我们分手了。

虽然分手了，但我们还在同一个班上，每天都能见到，可她好像开始有意回避我了。现在的她，学习很认真，成绩进步很快，好像已经彻底忘了我们的过去，重新开始了。而我却既不想到学校上课——因为看到她和别人说笑我就很难受，也不想待在家里——因为爸妈太爱唠叨，总说我不上进。总之，我的日子过得很压抑。我心里总有这样的想法：看到她变得优秀，我就不舒服。我不知道这是因为自己仍旧很喜欢她，还是只是为自己不努力读书找的借口。

和我关系不错的同学常问我是不是有什么不开心的事，因为我整天愁眉不展。但我不知道该怎么办，怎样才能让自己变得积极起来。

Liu

喜欢异性没有错

亲爱的 Liu 同学，你好!

看了你的来信，我想说的第一句话是：我们这一生无论什么时候开始喜欢异性、开始爱对方都没有错，哪怕是在高二! ——我知道会有很多师长不同意我的看法，或者虽然暗暗同意但认为我不该这么对你说。但我想，有两个原则在人生中处于一切事物之上，它们是：说真话；了解我们自身。

我之所以告诉你上学期你和同班女生交往这件事本身并没有错，是因为我认为这个结论符合上述两个原则。首先，你坦诚地对待这件事；其次，这事儿的发生符合我们的人性，因为爱异性、希望有伴侣是我们一生中最本能也最美好的事。所以，无论它是开始还是结束，都挺正当的，是一次有趣也有意义的美妙旅程，不需要有任何的心理负担。

人生需要妥协

我想说的第二句话是：现实生活教导我们得量力而行。这是说，你和那女生分手是因为周围的人都认为这事儿来得不合时宜。环境决定我们的行为甚至意识——就像我们的自由天性是希望无路不可走，但现实生活告诉我们必须遵守交通规则；我们特别讨厌没完没了的考试，但社会制度以此保证某种公平……我们基于趋利避害或者平衡与发展，必须做选择。

有时，我们会因为委屈自己做出了这样的选择而感觉超级不爽。作为过来人，我想告诉你，人生总需要妥协。生活中，人们靠局部的妥协换来成功和幸福——比如你现在放弃"不合时宜"的恋爱专心学习，可以换来学业上的成就，并且改善你的人际环境，让周遭关心你的人变得安心愉悦，而这些正是未来获得幸福的基石。正所谓"种瓜得瓜，种豆得豆"，需要的不过是时间及耐心。

你也应该放下

我想说的第三句话是：她放下了，你没有，但你也应该放下。我其实很理解你喜欢的那位女生，换句话说，我上面说的妥协以争取成功和未来的幸福，她懂的。我同样理解你，亲爱的同学，看到你的心理状态，我仿佛找到了青春时曾有的感受，回忆起自己在青春期的故事。就在我高中的时候，情感和情绪不安定时，我读到了一些禅宗公案，觉得豁然开朗。记得有一则关于日本明治时期两个和尚的故事，或许能给你一些启发。

一日，坦山和尚与环溪和尚在田间小路行走，路遇一条小河，木朽桥坏，只能涉水过河。河边还站着一位束手无策的姑娘。坦山和尚走到姑娘身边，说："姑娘，我抱你过河。"姑娘红着脸答应了，他们一行三人就渡过了小河。与姑娘道别之后，环溪和尚内心一直嘀咕。走了很久，他终于忍不住对坦山说："我们出家人应不近女色，你怎么可以抱着她过河呢？"坦山和尚听后大笑，说："我已经把她放下了，你却一直抱着！"

虽然禅宗公案自有它的深意，但我觉得坦山说环溪"我放下了，你没有"的情况与你此时很相似。放下了，便心无杂念，不会烦躁。如果相信未来的路还很长，有妥协也会有成功和幸福，那么，放下眼前的执着未必不是正确的。当你放下了，那些负面的情绪自然会烟消云散。所以，你现在只需要扫一扫心间的小径，去掉那些敏感的尘埃。我完全相信你会成功。

—— *Tips* ——

▲爱异性是一次有趣也有意义的美妙旅程，不要有任何的心理负担

▲未来的路很长，有妥协，也会有成功和幸福

　　如果大家对我提到的禅宗公案有兴趣，不妨看看蔡志忠的漫画《禅说》。

　　所谓禅，就是拥有一颗平常心。人的心灵，如果能超然平淡，无分别心、取舍心、爱憎心、得失心，便能获得快乐与祥和。蔡志忠将禅宗公案以中国式的漫画形式向我们娓娓道来，生动有趣而又饱含深意，阅读它实可谓一大享受！

CHAPTER
02

高二时分，悠着点

Sophomores in high school，don't rush into love

　　我们每一代人都在重复着相似的经历，所以一代人未必比另一代人高明。但从人生经验来讲，多接触一些过来人的忠告，等于多了一些百宝箱里的道具，辅助你成长，有护身的神奇。仿佛身边有一个哆啦A梦，总是一件美事。

A Letter from a Boy

Hello，夏烈！我是一个高二的学生，最近有一些烦心事需要请教你。

早些时候，我喜欢上了班上的一个女孩，她很漂亮，我关注她很久了。以前她经常和我说话，可自从换了座位，我们离得远了以后，她就和我疏远了。看到她经常和别的男同学说说笑笑，我心里非常不舒服，有种不踏实的感觉。在这种感觉的驱使下，我常常在上课时盯着她，可想而知，我的学习受到了影响。

现在，我打算放弃她，认真学习了。因为现在已经是高二了，高三就在眼前，高考也不远了。问题是我还是控制不住自己，还是会经常盯着她看。每当看到她和别的男同学说话，我的心里就不是滋味。在感情这方面，我非常敏感，这些日子以来我很抑郁，成天闷闷不乐。我知道我应该开心一点，做一些事情来分散对她的注意力，但是这很难。希望你能帮帮我，因为我心里很明白，现在应该好好学习，谈恋爱可以以后再说。

狙击人生

B Letter from a Girl

Hello，夏烈！我是一个高二的学生，明年就要上高三了，但我发现自己的成绩越来越没法见人了，距离本科线好远好远。我想上本科，要是上不了本科，不但爸妈会觉得丢脸，我自己也会觉得很丢人。

初中时，我的成绩不是这样的，上了高中以后，我整个人好像堕落了，成绩始终上不去。我不知道是不是因为喜欢上了一个人使自己无心学习的缘故。每次见到他，我都会有兴奋快乐的感觉，他就像是太阳，只要看见他，我心中的一切烦恼都会消失。可是，我和他只做了一年的同学，而且由于我的文静，我们根本没说过几句话。以前整天能见到他的时候，我没想过要珍惜这样的美好时光，现在我们不在一个班了，偶尔见到他，我会很高兴很高兴，真怀念过去和他同班的日子。

可是，他有女朋友了。看到他 QQ 空间里和那个女生的甜蜜合影，我心里真不是滋味。但我又不敢告诉他我喜欢他，而且就算我说出来了他也不会喜欢我，我是那么普通的一个女孩……怎么办？我的学习成绩上不去，他的存在又让我更加烦躁。

最近有点烦

二位单身男女，你们好！读完二位的提问，我感觉自己是在扮演《非诚勿扰》节目里的情感专家，所以也就冒着"少儿不宜"的危险，称二位为"单身男女"。当然，称单身男女也是符合实际情况的。现在，请心理敏感的家长、老师移步走开，我跟二位单身男女的谈话会很认真、很专业，你们非诚勿扰。

高二这年纪，烦恼多多

之所以把这两封来信放在一起解答，一是都"关于爱情"，二是都"处于高二"。看来，高二是个多事之秋。歌德说"哪个少男不钟情，哪个少女不怀春"。算算当时一堆欧洲小说中少年谈恋爱的年龄——《少年维特之烦恼》《傲慢与偏见》《红与黑》等，大致也就跟诸位高二的同学相仿。所以，这个年龄谈恋爱不是什么大不了的事，更谈不上错与罪，古今中外，这年龄都是烦恼多多。

这繁花似锦的年龄，正所谓"枝上花，花下人，可怜颜色俱青春"。"可怜"是"可爱"的意思，但又真的有点儿可怜，米粒大的心情被放大到跟宇宙差不多大，自己心烦了，便觉得这世界好气闷。在高二行将结束之前，可能才刚刚萌发了一年半载的青春爱意就得"掐死你的温柔"。高考就在眼前，怎么容得下抓小放大、舍本逐末的技术性失误？高二啊高二，我不得不说你是：本色"二"，天然呆。

理智与情感在交锋

一番理解的同情和调侃解嘲之后回到正题。二位单身男女，你们都处在一个古老的母题之中：理智与情感的交锋。

从来信看，你们都很有自觉。男孩说："现在，我打算放弃她，认真学习了。因为现在已经是高二了，高三就在眼前，高考也不远了……我知道我应该开心一点，做一些事情来分散对她的注意力……我心里很明白，现在应该好好学习，谈恋爱可以以后再说。"——说得振振有词，真心好听。女孩说："我想上本科，要是上不了本科，不但爸妈会觉得丢脸，我自己也会觉得很丢人。"——目标好像很清楚了，并且"丢脸""丢人"的心都横在背后"阴险"地看着自己。这些都是结合自身情况、综合社会舆论得出的自我规划和目标，虽然只有三言两语，还缺乏个性，但至少是理智的化身。

而另一面，情感却不容你们解脱，甚至因为理智引起的焦虑的绳索，有愈缠愈紧的可能。如果缠得不深，男孩就不会在她已然远离的时候反而让自己愈发地如坐针毡，为她与别的男生说笑而闷闷不乐。如果缠得不深，女孩就不会在他跟你都分了班并且过去的交流也不过几句话的情况下越想越沉沦，还为他有女朋友、自己长得很普通而患得患失。

听听杯水禅机的故事

既然你们理智上都以为这段感情出生得有些不是时候，想调整注意力到学习上，那我们一起来聆听一个禅宗故事——杯水禅机。

一天，南隐禅师接待了一位前来问禅论道的学者，南隐什么也不说，只是请他喝茶。南隐提起茶壶向对方的杯中注水，水慢慢地注满，而他丝毫没有打住的意思，于是水呼啦啦溢出了杯子。学者实在忍不住了，急道："你这是干什么？"南隐只是微笑，说："你的心就像这杯子，里面注满了自己的看法和思虑，不把杯子倒空，叫我怎么对你讲禅呢？"同样的，如果你们明白眼前的规划和目标必须完成并期待完成好，就只有一个办法：将心中溢满的青春期柔情放空，淡定下来，才能重新注入"好好学习"这杯励志的茶水。

说完这些，你们未必心甘情愿地"放下"。所以除了上述对二位单身男女的共同建议外，还有一些为二位量身定制的"情感贴士"。

To Boy：主动点，这是一种自我挑战

"狙击人生"，你给我先出列。按照你的描述，我不知道你还怎么"狙击"人生？有多少力量配得上狙击的准度和力度？你目前基本上沦陷在一种"花痴抑郁症"中，不管你能否权衡理智与情感孰轻孰重，我只问你一句：你敢不敢拿出智慧和勇气，向女生表达自己的真实情感、实现自我成长？

我认为，高中时期的恋爱，基本是没有结果的，但这也属于少男少女人生成长的一环，需要认真对待。现在这份恋情萌动的青涩会成为将来的美好回忆。如果你能借此机会实现自我挑战，爽快地在两性相处方面取得进步，那才是真正享受这种情感背后的人生价值。

比如，向她坦白对她的喜欢，这锻炼你的勇气；为她做一点她希望你做的事，这锻炼你尊重爱人、对女性有绅士之风；你也可以发展纯友谊，理智地看待青春期情感，集中精力迎接高考，这锻炼你的决断和意志力……这些，都比你远远地关注她，嫉妒她和别的男生说说笑笑要积极、有朝气。

此外，我还想说，你凭什么认为她属于你？你对她的感情显然处于一厢情愿的单恋模式，看不看你、是不是跟

你亲近，她都没有责任，更无义务。以后的人生也是这样，女人能否对你的感情有回应，全在于你是否主动积极。这是后话，现在提前跟你说，也足以教你看破青春期这点薄薄的忧愁。

To Girl：清醒吧，成绩不佳责任不在他

"最近有点烦"，轮到你了。真的，别烦了！因为你犯的毛病更多。一是同上面那位小哥类似，把青春期这点薄薄的忧愁搞大了。你都没有同你喜欢的男生说过几句话，且从你认识他到今天，他都有女朋友——这些也不是什么大问题，你可以说你是内向的人，一直在酝酿、在蓄势待发，结果你又来一句："就算我说出来了他也不会喜欢我，我是那么普通的一个女孩。"普通的女孩怎么了？他难道不是普通的男孩？他哪里不普通了？你就这样看低自己？仿佛张爱玲见到胡兰成似的，"变得很低很低，低到尘埃里"。而即便是张爱玲这样难得的俯首低眉，后面都还跟着一句："但我的心是欢喜的。并且在那里开出一朵花来。"喜欢人是一件快乐的事情，即便把自己放低了，但只要喜欢，依旧心美如花。所以，犯不着久久地沉湎在一段连恋情都算不上的自我情思当中，赶紧跳出来，你的未来远着呢，你的前程大着呢！

其次，我在另一篇《作弊，TO DO OR NOT TO DO》文中说过，不要把自己在成绩上的弱势推给别的某个理由，然后掩耳盗铃地以为解脱。在信中，你认为是那个人的出现导致你的成绩下降，他若知道，肯定是会"吐血"的。因为他实在是彻头彻尾地不了解状况，被你暗恋又被你归为成绩下降的罪魁祸首。目前你还是尽量简单地处理学习和生活吧，直接面对成绩提升的问题，请教他人有效的学习方法并且真正开始用功。

还有，你一定想知道"要不要向他表白"，我的回答是"不"。这不是因为你普通，而是你根本没必要陷入这没有意义的情思中。我估计他忙着经营和女朋友的感情，根本没有精力来对付你。有句话我想了想还是得跟你说：普通的女生想要获得更多异性的青睐，必须通过内在的修炼和进步，女性的自信和修养是令人着迷的素质。你想明白就好好努力吧。

爱情是一棵有着永远开不败的花朵的大树，不要急着一朝一夕、死去活来。单身男女，高二时分，都悠着点！

—— *Tips* ——

▲将心中满溢的青春期柔情放空，才能重新注入"好好学习"这杯励志茶水

▲高中时期的恋爱，大多没有结果，但仍需要认真对待，

妥善处理，以实现自我成长

▲爱情的大树有着永开不败的花朵，不要急着一朝一夕，死去活来

今天推荐一本书：《苏菲的世界》。

14 岁的少女苏菲某天放学回家，发现了一封神秘的信。"你是谁？""世界从哪里来？"就这样，在一位神秘导师的导引下，苏菲开始思索从古希腊的哲人到康德，从祁克果到弗洛伊德等各位大师所思考的根本问题。苏菲运用少女天生的悟性与后天获得的知识，企图解开这些谜团，然而事实真相远比她所想的更令人困惑……

当生活令我们眼界缩小、心烦意乱的时候，不妨看得更远些，哪怕是从宇宙看人生。正所谓："牢骚太盛防肠断，风物长宜放眼量。"

CHAPTER
03

在对的时间遇见对的人

Meet Mr.Right at the right time

在这个世界，能够喜欢，是一种生命力最优美的表达。但喜欢在很多时候并非占有，也非自我的迷失，而是要慢慢变为有距离的审美，比如一朵花正开，摘下并不是爱它的好方式，让它在枝头而你报以微笑的欣赏，则恰到好处。

Hello，夏烈！怎么办？我喜欢上了一个不应该喜欢的人！

他是我的化学老师，二十七八岁，刚从学校毕业没几年。虽然他个子不高，但真的很有才、很幽默，笑起来阳光，生起气来很可爱……他刚来上课的时候，我只觉得这老师不错，课上得挺好，加之自己本就很喜欢化学，就开始认真地听他的课了。慢慢地，一年过去了，我发现自己竟然喜欢上了他，连我自己都不敢相信！

朋友们都问我，你觉得他很有魅力吗？好像也一般吧，又不高，又不帅……可在我眼里，他就是很帅，性格很好，为人也不错。我还清楚地记得他刚教我们的时候，我们彼此还不熟悉。一天，我在食堂看见他，在两米开外和他打了招呼，我想他和别的老师讲话呢，不会理我的。没想到他听见声音之后立刻转身和我打了招呼，异常亲切、绅士。平时，他很喜欢和学生交流，聊他的大学、他的梦想，聊办公室的趣事……他真的很特别。

当然，我也不是个没脑子的孩子。我知道自己不能喜欢他，他都已经结婚了；而我才高二，我的任务是学习。可是，我真的很难自制啊，我甚至把他的婚纱照放在手机屏幕上，来提醒自己他已经结婚了，和我是不可能的。但是效果不好，我还是忍不住地想他，想他在课上讲的每一句话、开的每一个小玩笑，脑子里总是出现他的画面，成绩也明显退步了。

最近，我有了转学的念头，但老妈坚决不同意。我妈非常严厉，要是被她知道我喜欢上了老师，还难以自拔，后果不堪设想！更烦的是，同学、老师好像都知道这事了，我总觉得他们在背后对我指指点点的。我一直是非常乖的，但现在，我觉得自己有点可耻了……夏烈，我该怎么办呢？

微风

微风，你好！

你的来信层次分明，除去第一句，两段写"他"，两段写自己，把人物和事件介绍得有点有面，情感真实、可感。以我习惯的评论家的身份说句与主题无关的话，你的来信显示了你良好的文字基础，能看出你是个思路清晰、有个性的人。

当然，我的任务是答疑解惑、排忧解难，文字修养不重要了，目前的人生小插曲才是正题。

喜欢上了老师?
其实不算什么问题

"喜欢上了老师",这其实不算什么大不了的事。在你之前,不知道有多少少男少女喜欢上了老师,不知道有多少青春文字乃至文学名篇絮叨过自己喜欢上了老师。只不过,对"多少"中的每一位而言,这事是新鲜的、重要的,是属于"我的"独一无二的记忆。

一方面,我同意你应该认真对待和解决此事;另一方面,我则以为你同时可以放轻松,看淡也看美这件事。——人生短短,每一段都有每一段的色彩、情绪和故事,喜欢谁本身就是正常而美好的,喜欢上了老师,前辈们可以,你怎么就不可以?

所以,问题不在于喜欢上了老师,而在别的方面。你说你"不是个没有脑子的孩子",确实,你在信中几乎把相关的问题都分析到了:

他结婚了——你的喜欢无果,如果有果就是破坏;

成绩明显退步——这是预料中的症状,女生尤其,喜欢的代价有点大;

家长严厉——老妈若知道了,一定会对你喜欢老师这事儿小题大做;

在这个世界，能够喜欢，是一种生命力最优美的表达。

但喜欢在很多时候并非占有，也非自我的迷失，

而是要慢慢变为有距离的审美。

比如一朵花正开，摘下并不是爱它的好方式，

让它在枝头而你报以微笑的欣赏，则恰到好处。

同学、老师好像也都知道了——周边环境日渐阴暗，令人着急。

棒喝也许有用
但自己想明白才最好

现在的你很纠结，常规的"治疗"办法是当头棒喝——说你现在多么的不务正业，为这苗头不对的青春期问题失了理智，所以必须管住自己！你要知道早恋和错爱的苦果，不要搭上自己的前途，好好学习、天天向上才是当务之急。

这些话如果对你有用，棒喝也是好的。不过，我担心这仍会在你心里留有阴影，因为不是你自己想明白找到了答案，而是被喝止、被阻断，成绩或许上去了，爱的能力却无所适从，从此挫败感如影随形。

所以，我还是费事和你多聊几句吧！

学会调控个人情感
在对的时间遇见对的人

喜欢或者爱，都是一种能力，于人生很重要，我们要珍惜它的存在和到来。但同时，人是社会的人，必须照顾自己的幸福和周边的环境，所以也需要智慧地调控个人情感的轻重缓急。这也是"在对的时间遇见对的人"这句话的重要性和幸福所在。时间不对，即便人对，终究也不圆满。

你的老师，你喜欢他有才、幽默、阳光、可爱、亲切、绅士，而不是一般女生执念的帅、高，这表明你自身也可能是有才情、有个性、有标准的女生，不完全随大流。在合适的年纪，比如读大学后，比如工作后，我相信你一定还会遇到这样的男士。那时，你会更成熟、坚定，而对方又处在适合恋爱、婚姻的时间，这样一切就将顺理成章。

给自己和他人多一点时间，你也许能过滤掉种种感情的涩味和苦闷，看清楚自己要的是什么，明白选择权终究靠自己的价值。

喜欢和爱有时要计算成本
要成为一个有宏观眼光的人

由你自己在信中分析的种种问题我们可知，有时候喜欢和爱是需要计算成本的。这确实会让人觉得败兴，但我这样理解，好东西的获得就是要有些难度、有些代价，这世界并不纵容我们如公主般的予取予求，心想不一定事成。

在成本的计算中，我们学会了一些别的美德，比如克制，比如放下，比如欣赏，比如自嘲。生活技巧在于帮助我们在理性和感性的并存中收获双倍份额的乐趣和福利，而不是情感和情绪失控，人生乱作一团。在此意义上，我欣赏有宏观眼光的人，他们总能因为在山头俯瞰过，而不斤斤计较于眼前的欲望。

如何成为有宏观眼光的人，我有一个有趣的办法，即学会自己观看自己。在我们的情感和情绪影响到理智的时候，请让自己的心灵保持片刻的宁静，分离出一个超然的自我，仿佛飘到身体的上方看现实中苦闷纠结的自己。你会发现，底下的自己值得同情且执着迷茫，忙忙碌碌、□□惶惶的神情有些可笑，如果还能往后看看一生的长度，就会觉得这不过是很可爱的人生小插曲。

由于你的情况属于单恋，我并不多分析你老师的部分，责任在你，权力也在你。"菩提本无树，明镜亦非台。本来无一物，何处惹尘埃。"因此，我同样不建议你转学，更不希望你疑神疑鬼地认为同学、老师好像都知道这件事了，只要你心头放下、一切以平常心对待，周围的环境可以瞬间明媚平和起来，你又能发现周遭的美好，以及昨天的执迷过、喜欢过的自己，所谓"春有百花秋有月，夏有凉风冬有雪。若无闲事挂心头，人间便是好时节"。

—— *Tips* ——

▲人是社会的人，需要智慧地调控个人情感中的轻重缓急

▲喜欢和爱有时需要计算成本，这个过程中，我们学会了
　克制、放下、欣赏、自嘲……

▲做一个有宏观眼光的人，学会观看自己

人生总有些不经意的相遇，却让人心泛涟漪。这使我想起徐志摩的小诗《偶然》：

我是天空里的一片云，

偶尔投影在你的波心——

你不必讶异，

更无须欢喜——

在转瞬间消灭了踪影。

你我相逢在黑夜的海上，

你有你的，我有我的，方向；

你记得也好，

最好你忘掉，

在这交会时互放的光亮！

能够相逢是缘，是风景，是生命的光亮。然而过于炽烈却容易灼伤，以理性淡泊的心试着去冷却、去放下吧。当那片云搅起心底的旋涡，接受那一瞬的欢喜，然后慢慢地、慢慢地抹平，因为你还要前行，而不是停留。理智而节制的感情比放纵更美，将那一份青春的悸动隐于心间，如风轻云淡，所以无人破坏，多年以后回想，依然是那份纯粹而美好的回忆。虽然难免怅然，难免遗憾，但我想彼时成熟的你还是会微微笑对。

少年情怀总是诗。青春是最浪漫的年纪，最适合读读诗了。当我们的内心充溢了丰富的情感，当我们对世界充满了好奇，诗歌可以抒怀，可以想象。我常常觉得，遇到一首好诗，就像遇到恋人那一刻的怦然心动，沉醉在诗歌中，就像沉醉在恋爱里那样甜蜜！如果你想尝试那样的感受，不如翻开一本诗集吧。希望这首志摩的诗打动了你敏感而柔软的心扉，也希望怀有年轻激情的你去探索更广阔美好的诗的世界。

PART THREE

学业

漫漫求索路

CHAPTER
01

斗志哪儿去了

Where is my fighting will?

　　写这次对话的时候，正逢期末。学院里，我的课只剩一堂了。其实，我还有很多想法想和学生分享。遗憾，天冷，逃课的同学多了几个。我内心想跟他们说：不要懒惰，老师的课值得你们坚持。对了，纸上未谋面的朋友，也不要懒惰哦，坚持，必有所得。

Hello，夏烈！我在一所重点中学读高三，随着高考越来越近，我越来越感觉自己的心态有些问题，希望你能帮我指一条路。

是这样的，我在班里暗暗认定了几个同学，把他们当作竞争对手。刚上高三那会儿，每次考试前我都很认真地准备，希望自己能考得比"对手们"好。可现在，好像没有了当初的斗志。虽然在考试前我还是会准备一下，但公布考试成绩时，我的心里会产生这样一种念头：要是我考得比他们好，那就最好；要是考得不如他们，那就算了，我也别努力了，努力了也考不过。用我老师的话说，这应该就是"死猪不怕开水烫"吧。

一方面，我的斗志就这样一点点地消磨掉了；另一方面，我却很喜欢设定一些连自己都觉得实现不了的目标。老师说可以选择一两所学校作为目标来激励自己，北大、清华什么的我是不想了，我给自己定下的目标是浙大。但我知道自己根本不可能考上，因为上一届的学长中，成绩最好的也就进了浙大。虽然我的成绩应该能上重点线，但和年级第一、第二比还是有差距的。斗志渐微，却又好高骛远，你说我该怎么办？

剪刀 12

激起斗志来，因为停下脚步不合时宜

Hello，剪刀12！我先要肯定"认定对手，咬着一起跑"是一个好办法。我在工作中也用了这一招，不过和你相比，我有点非常规，有点"BT（变态）"。

每到一个单位，我都会找一个领导作为对手，不但学习他（她）的优点，也针锋相对地以年轻的自信和不同代际的理念、眼光在具体项目上发起挑战。因为"斗志"，我提高得比任何同仁都快。当然，练完了就得换单位了，因为领导看着我实在生气。现在，我也"奔四"了，成了别人的领导，我开始有自己稳定的意志和经验，也准备着哪天会有更年轻的孩子来挑战我的权威，获得他们的胜利。我满怀笑意地等着有出息的孩子的到来。——这是闲话。

让我觉得特别费解的是你在信中说的失去了斗志。还没有决出高下怎么就失去斗志了呢？通常，只有一些特殊的人和事会阻碍我们继续激情满满，是有什么事情导致你停下了脚步，还是只是厌倦了频繁的考试？

当我们偶然停下脚步的时候，会油然生出一种茫然和无聊感，现在的你一定感觉到了。从文学艺术的角度看，这能帮助你沉静下来，审视内心，发现自己的另一面。但对于临近高考的人来说，这种停下就有些不合时宜了。如果你还决定跑下去，还想要在 6 月拥有成就感，就得激起斗志来，收拾心情，放下杂念，紧紧跟上，咬住对手!

激起斗志来，因为迟早要与自己战斗

这里，我忍不住要再描述一下自己的高三经历。我的情形与你大不相同，但有一点我们是相似的，那就是面临着高考这个人生的重要转折点。

1993 年，在高考升学率不到 30% 的年月中，我一边略带焦虑地准备参加高考，企图侥幸碰运气撞个大学读，一边却依旧伙同同学从临考前的课堂出逃，到西湖边闲逛海聊，聊哲学、文学、历史和政治。那时，我们迷上了西湖边的一个三角区域，那儿有几家不错的书店。我狂热地买书，有些深奥得我一时无法读懂；买磁带，流行、古典、摇滚、爵士均有涉猎。所以，与你相比，我们才是一拨真正心无斗志的高考生。

但那时的快乐需要代价来偿还。我是通过自学考试完成大学学业的，工作后，为了继续坚持自己的所爱——文学，我不得不弥补自己的缺陷，那就是这个社会和我想要的工作对诸如学历、文凭的要求。这些压力逼得我重回战场，燃烧自己的小宇宙。而这一战，便是 20 年。

和你分享我的故事是想告诉你：虽然我们的命运并不

由高考决定，但是我们迟早得与自己战斗。如果你想拥有一个好的起点，不用像我这样在漫漫的工作历程中为弥补起点不够高带来的困扰而奋力拼搏，那么，激起斗志来!

激起斗志来，理想的大学不是不可能

最后要说说你和浙大的关系，或者不是浙大也没有关系，反正是一所好大学吧。其实不是考上浙大不可能，而是你现在的状态使你考上浙大变得不可能。你的斗志与目标不匹配，让你开始怀疑自己。听过《孤单北半球》这首歌吗?

"不怕我们在地球的两端/看你的问候骑着魔毯/……/你的望远镜望不到/我北半球的孤单/太平洋的潮水跟着地球来回旋转/我会耐心地等/等你有一天靠岸/……"

现在看来，你与理想的大学似乎是在"地球的两端"。但只要调整好状态，激起斗志来，耐心等待，终有一天，你会在理想的大学"靠岸"!

谢谢你的提问，剪刀12，希望我说的话对你有帮助。

—— *Tips* ——

▲我们的命运并非由高考决定，但我们迟早得与自己战斗

▲激起斗志，收拾心情，放下杂念，紧紧跟上，咬住对手

"剪刀12"这个名字很酷，让我想到了一部电影：《剪刀手爱德华》。

爱德华是一个机器人，他拥有人的心智和一双剪刀手。他孤独地生活在古堡里。误闯古堡的化妆品推销员佩格把他带回家，让他走进了人类的世界。单纯的爱德华爱上了佩格的女儿金，金也慢慢被爱德华的善良所吸引。但是，一连串的意外事件使爱德华痛苦地发现自己总是好心办坏事，连自己的爱人都不能拥抱。或许，他注定不属于这个世界……

这是一部好看又忧伤的电影，也许大家已经看过，也许没有——那就等有空的时候看看吧，当作消遣。

CHAPTER
02

我到哪儿去加油
Where to get my energy back?

　　人生不可能完全随心所欲、顺风顺水，没有哪个游戏会如此设定，那样反而没人玩了。人生也不该是没完没了地玩一个游戏，还越玩越难、精神崩溃，那样谁还玩游戏啊？相信这个定律，好好玩，游戏的背面是庄严和华美。

Hello，夏烈！一到 5 月，高考仿佛就近在咫尺了。周围有不少同学已经开始摩拳擦掌、跃跃欲试了，而我，却变得更焦虑了。

别的同学把目标定在考上重点院校或上二批分数线，但是我——我只要求上线就好。上线就意味着有大学可以读了（其实只是大专吧）。抱着"上线就好"这种想法，一直以来，我给自己的压力不那么大。可现在，看看周围，再看看自己，我好像太没有追求了。同学们为了重点、二批，正在抓紧最后的时间拼搏，看书、做题，分分秒秒都扑在备考上，力求让自己在考试时发挥到最好。而我呢，因为也就求个上线，学习效率不高，好像不怎么看得进书。但真叫我抛开一切去玩，我又玩不好，心里总惦记着要复习。我想，现在再给自己换个目标应该也来不及了吧？我是住校的，两周才回家一次，妈妈隔一天会给我来个电话，她总是说："好好学习，最后关头了，加油！"可我到哪儿去加油？这样的感觉很不好！

阿飘

对于高考，我也有牢骚

阿飘！你好。面对你的问题，我很犹豫。我跟编辑说，能不能换一个问题？如果这不是我的专栏，我就会直接让他们把你的问题交给有经验的特级教师或者教育心理学的专家来答，他们肯定会比我说得更好，更周全，效果上更皆大欢喜。

责任不在你，在于我的观念中抵触用大家乐意的方式来解释你的这种考前状态。我坦白，我讨厌为考试而存在的人生。在我看来，全社会围着高考转，人人都很累，但都还必须玩下去。这个考试制度会让人在某个年龄段失落、苦恼、茫然，因为它给人的感觉似乎是以淘汰为主旨，区分人的三六九等，而不是以选拔为主旨，重视每一个人的才能、兴趣和快乐感。

我这么说一定会令不少家长和老师大跌眼镜，我何尝不知道他们的用心，但只是可惜孩子们——我在大学里教的是二批线的艺术生，他们大多很好，让我感觉纯真和善良，多才也多艺，但令我难受的是他们中至少有半数并不喜欢自己报考的这个专业。我看到他们逃课、上课忍不住睡觉，这与他们在联欢会的舞台上载歌载舞、幽默极了的小品表演大相径庭。我想不能否认这是一种教育的失败。

好了，谢谢你先听了我一通牢骚满腹的"愤青"话。言归正传，我们面对现实吧，但凡关注我的专栏的，应该除了喜欢我的废话，也盼望我支招。到哪儿去加油？你别怪我，接下来，我要开始批评你了。

你真的坚信你的目标吗

合理有效的学习和工作方法是先定位自己的目标。你现在的"焦虑"来自你对目标的犹疑不明。"别的同学把目标定在考上重点院校或上二批分数线，但是我——我只要求上线就好。上线就意味着有大学可以读了。"——如果你真这么坚信自己的目标是"上线就好"，焦虑个甚？

我不是说"上线"这个目标不高，所以不用焦虑，大可以逍遥，而是说你"坚信"你的目标就是"上线"吗？如果坚信，自然会淡定，不会看到"同学们为了重点、二批，正在抓紧最后的时间拼搏"就惶然了。换句话说，你清楚为了"上线"该在最后的冲刺阶段做什么程度的努力，达到怎样的水准吗？如果你清楚地知道目标始终未变，就在眼前，清晰可见，为实现它要付出努力，也就不会焦急烦躁了。

佛家讲，一个有目标和信念的人，一定是"八风吹不动"的。"八风"就是尘世间煽惑人心的八件事：利、衰、毁、誉、称、讥、苦、乐。一个对目标了然坚信的人，他会明明白白地努力做自己该做的，不去做不想做、不该做的事。所以说，心里明了，一定会淡定。

你真的有为实现目标而付出行动吗

有了目标就得行动，不能说"从理论上讲，反正地球是圆的，我不行动目标也会与我相遇"，这么说浪漫是很浪漫，可也很偷懒。

现在，考重点和二批的同学都在发力行动，水涨船高，你原来认定的"落脚点"可能已经被水淹没，你不跟着行动就会"呛水"。你的目标只是"上线"，看起来这个要求很低，但这不代表你什么都不做就能达到。做事要考虑余量，出十分力得个七八分收成算正常，出七八分力可能就只得五六分的收成了。这是经验，也是智慧。

你的"心情"适合备考吗

我说的"心情"是"心态"和"情绪"的缩略词。从你的心态看，比较不争、低调、自我减负，这样不容易患那些因"压力山大"造成的焦虑症、抑郁症。但从情绪来说，这种心态持续时间久了，也会导致消极、保守，从抗压变为惧压、拒压，反倒造成焦虑或抑郁，不适合备考。

"心情"是很丰富复杂的活水，静得太久变得冷淡，就会近乎死水，这与我们原本追求的静而淡定的心智澄明反而是相悖的。所以《孙子兵法》提出"静若处子，动如脱兔"，认为这才是克敌制胜的最佳"心情"状态。总之，要动静相宜，注意调动自己的情绪朝积极主动的方向发展，而在心态上则追求安定，尽量做到成竹在胸。

最后谈谈我个人的经验吧，我常常把一件必须做的事情当作一场战役，信心满满地去战胜它；也把它当作一场棋局，冷静地俯瞰它的全局；还把它当作一场游戏，兴致勃勃地进行到底，以目标和时间阶段为节点，步步为营，论个胜负！

有首老歌唱得好："投入地爱一次，忘了自己！"怎么样？有没有兴趣投入地玩一次叫作"高考"的游戏？期待你每一场局部战役的胜利！多打胜仗，人生就越来越归你掌控，相信这一点。

—— *Tips* ——

▲一个有目标和信念的人，一定是"八风吹不动"的

▲调动自己的情绪朝积极主动的方向发展，而心态上则要追求安定

▲以目标和时间段为节点，步步为营，力求打胜人生每一场局部战役

夏烈推荐

今天就不讲那些传统的励志话语了，推荐一部印度电影：《三傻大闹宝莱坞》。这部电影很多人看得开心又感动，看看别人是如何把握人生的主动权的吧!

在印度，有着与我们一样的教育观念的桎梏，但影片中的主角们通过找到自己，在既定游戏规则里玩出自己的节奏，继而创造新的自由之境，来证明人人都能很出色。

CHAPTER
03

作弊，TO DO OR NOT TO DO

Cheating，to do or not to do

　　如实知道自己的内心是人生成就的开始，简单专注地做好自己喜欢的事是人生了不起的幸福。所以，好与不好，成功与不成功，其实都要先问问自己：我是怎样的一个人？

Hello，夏烈！我刚进入高三，现在非常苦恼。

我的成绩并不好，是普通班的，不太可能搭上本科的分数线。但是，每次考试我都认真应考。在过往的月考、期末考中，我身边的同学总有人在作弊，但我都凭自己的实力慢慢考。我觉得，现在的成绩并不能说明以后，要是作弊成了习惯，高考的时候就会遭殃。

我总是安慰自己，我是诚实的，我不必羡慕他们什么，但心里依然难过。尤其是在我付出更多的努力后，本来以为能进入班级前十名，最后却只排到了三四十名，成绩退步非常大。这让我很苦恼。

开学以后会有一次高考模拟考，老师说要按这次的成绩，把两个普通班重新分一下，改成一个普通班、一个专科班。这次考试将决定我高中最后一年的学习环境和以后的道路——要么读专科，要么读本科。我很焦急，我的成绩确实不好，要是凭实力，绝对考不上本科班，可是作弊又不是我愿意的。但看着他们作弊能拿那么高的分数，我也做不到无动于衷，有几个同学上次甚至在全校排名上进步了100多名，我也有些蠢蠢欲动，但心里真的不想这么做。

我妈妈老是说我："你看你那个同学，能进本科班了吧？你们以前成绩差不多的，你现在怎么就这样了呢？"我好伤心，她不知道他每次考试都是作弊的。我并不注重自己的成绩，但我也爱面子，不想父母总是这样数落我。我现在真的觉得前途很渺茫，真的是很难过。我到底该怎么做呢？

闫

闫同学：

你好！

在一堆来信中我选中了你的，原因是你很纠结，像一团乱毛线，一时也找不到头绪，于是你臆想了一个头绪，叫：作弊。

要知道，来信的同学都很纠结，不纠结就不来信了。当然，纠结的也未必来信，不过纠结着说出来总比不说好。不说，靠自己憋着，危机更大、风险更高。说句题外话，我是希望年轻的你们遇到问题就找合适的渠道说出来，不怕出丑。你的关于作弊的话题是纠结中的纠结，真实的焦虑和假定的理由被你有意识地缠绕在了一起，那么，我来帮你解开。

拒绝作弊，非常好

首先说说作弊。在这个考试林立的现实中，你发现在你周围充斥着同学们的种种作弊行为，你对此的反应是："我觉得，现在的成绩并不能说明以后，要是作弊成了习惯，高考的时候就会遭殃。"——非常好！你的想法是正面、积极的，判断很正确并富有远见。人无远虑，必有近忧。忽视作弊对知识学习的副作用，只图眼前的蒙混过关、自欺欺人，一定会在将来造成或大或小的糟糕事。因此，不光是作弊，包括抄袭、请人代笔等行为，最终都会造成基础的缺陷和漏洞，这些缺陷、漏洞以我的经验所及，未来要花更多时间和成本去弥补，却也未必弥补得来。正所谓"书到用时方恨少"，以后大家都会有体会。所以，踏实一点、看远一点的好，我赞赏你的认识。

不过，这种正确似乎并未给你带来快乐，反倒带来"难过"、"苦恼"、"焦急"、"渺茫"。那么，我们来看看是什么原因。"看着他们作弊能拿那么高的分数，我也做不到无动于衷，有几个同学上次甚至在全校排名上进步了100多名，我也有些蠢蠢欲动，但心里真的不想这么做。"——作弊者拿高分，你一下被甩到更远、更后头，"心里并不好受"。对的，当我们看到别人"进步"而自己被远远甩在后边似乎愈来愈无望的时候，大抵会难受和焦虑；更何况，这种所谓的"进步"不过是用不诚信的手段换来的，当周围的人普遍用不正当的手段一而再，再而三地获取本不该属于他们的位置时，我们还能静守自己的节奏，说慢慢地依靠自己的实力吗？

我发现，你还没有对此形成更大的愤怒和不屑，还没有成为一个"愤青"，没有对以不正当手段获取利益并成为普遍现象的批判。现阶段，你只是因为被无赖地"超了车"而感到焦急无助，我在佩服你依旧能努力维系诚信的同时，也很担心你并不能坚持很久，会被环境的陋习和自己的情绪瞬间吸进"他们"的旋涡。

你的焦虑并非来自他人作弊

我必须冷静地帮你剖析，你真正的焦虑并非来自周围同学的作弊。亲爱的朋友，你要记住这一点，就像这个世界每天都有腐败，都有偷窃，甚至"窃钩者诛，窃国者侯"，但我们不能说自己没学好数理化或者背不出单词，是因为世界有腐败、有偷窃。你把二者混为一谈，是有点偷换概念了，这从心理学角度看，不过是一种自我责任的逃避和关于失败的暗示。

人活着，像柏拉图说的，"人是属天的植株"，那么，向上、挺拔，是一个很好的活着的姿态。它一方面需要有一个向上、挺拔的价值观来支持，比如你的诚信和坚守；另一方面，还需要有一个好的学习精神、学习能力、学习兴趣，这也就是我们常说的"好好学习，天天向上"的本意。这两个方面各自生长，有区别，有关联。有些人会有很好的价值观系统，健康开朗、豁达淡定，但未必学习能力很出色；另一些人则相反。但前者的优秀之处总会促进不足之处的进步，并且在最高境界中合二为一，让一些人享受到高尚而美妙的乐趣。

回头来说你的情况。你真正的问题在于你是否擅于学习并掌握良好的学习方法。在你的来信中我看得出来，目前的事实是，即便没有周围这些作弊者，你的成绩离期望也还有距离，"要是凭实力，绝对考不上本科班"，你知道内心担忧的是什么。当你发现这点后，你忧虑起成绩跟未来成功的关系，因此感觉"前途很渺茫"；加上妈妈老是不明就里地拿你跟作弊的同学比较，为你加错了前进的油。所以，既然我们都知道真正的问题所在，是不是还是从这里谈起比较实在、比较靠谱？那么，我建议你冷静下来想想学习方法和策略，请教有经验的老师和真正能帮助你的同学。

最后我还想说，千万不要把成绩和成功画等号。我担心这种等号错误地破坏了你本可以有的良好的学习心态，真的坏了你的前途。亲爱的闫，我希望你能平安地度过这个年龄段几乎像一台"考试机器"般的特定的苦闷，然后不论是读专科、本科，还是将来成了博士、教授，都不要放弃过"人"的生活——培养常识和兴趣，都不要担心也不要看不起那些考不上好大学、曾经和你一样苦闷过的年轻人，只要他们过的是有灵魂的快乐生活。

—— *Tips* ——

▲只图眼前蒙混过关，自欺欺人，一定会给将来造成或大或小的麻烦

▲人活着，一方面，需要有一个向上、坚挺的价值观来支持；另一方面，还需要一个好的学习精神、学习能力、学习兴趣

▲把成绩和成功画等号，会破坏良好的学习心态，于真正的前途无益

我在曾经写过这样一篇文字：

教育教什么？有人说是教知识，我仿效禅宗公案里达摩祖师的说法，"你算是得到了我的皮了"；有人说是教文化，那我说"你算是得到了我的肉了"；然后有人说教育教的是"正人格""立修养"，那我说"你算是得到了我的骨了"；最后出来一个家伙，只是在我面前扫地、吃茶、安眠，读书读得很快乐，向我鞠个躬回座位了，我一定说："亲爱的，你算是得到教育的精髓了。"

同样的内容还可以再反过来玩一遍，你说一个年轻人有了常识和兴趣，然后再来询问该怎么办，我说你可以考虑培养自己的人格基础了，还有，你有没有当杰出人物的理想，如果有，你可以做修养的计划啊；如果一个年轻人心地很好，心智也明澈，日常生活中还向往品位上有些提高，那我说你可以考虑扩充自己的文化心灵，习习文艺陶冶情操，研究历史知晓人性，沐浴哲学和宗教，使自己豁然开朗，知道最高乐趣之所在，并由此贯通，知道乐趣其实无所不在，正所谓"担水劈柴，无非妙道；举手投足，皆在道场"；那你说知识呢？我反问，你觉得你无知吗？如果无知就求知，但觉得已经饱满就无所谓知识的多寡，"吾生也有涯，而知也无涯，以有涯随无涯，殆已"。你说我对知识的理解原来是庄子一派的，那我只能笑笑说，生命哪有什么派呢，生命的循环万物齐一，所以生命的真理都是一样的，"派"是要搞权谋的人考虑的，我只知道"苹果派""香蕉派"还有"蓝莓派"。

CHAPTER
04

读文向左，读理向右
Liberal arts or science?

人真正的优越感，是他对未来有一种想象，他可以顺着这种想象前行，成为生命路上的大象；而当镜头慢慢拉高拉远，这头大象又成了一只蚂蚁，不过因为他有理想，所以连爬行的姿态终究也是特别的可爱!

Hello，夏烈！

我是一名高一学生，最近有件事一直困扰着我：马上要升高二了，这就意味着我要在文科和理科中做出选择。对我来说，这是我人生第一次面对如此重要的选择。

我想选理科，我没有明显的偏科，加上家里人都说读理科出路多，所以选理科似乎是理所当然的。可我对读了理科以后将来学什么专业，大学毕业后从事什么工作却一点把握也没有，这让我有点犹豫，不知道选择理科是否正确。

放眼身边，许多同学似乎心中早已有了奋斗的目标，有的想学建筑，有的想学医，有的想去学电子技术。其实，我一直对心理学很感兴趣，但似乎这个专业就业前景并不是很好。所以我就更纠结了，选理科对吗？等到高三毕业的时候，要读什么专业呢？

阿狸

阿狸：

你好！

我很愿意跟你讨论"选择"这个话题。人人都要选择，时时都要选择，面对选择是人类的基本处境。你说高中的文理分班将是你"人生第一次面对如此重要的选择"，这种认真的态度挺好。人成长的一个标志就是变得认真，对自己判断后认为重要的一些事情认真。认真让你脱离以玩乐为主的"小孩子"状态，认真让你开始形成自己的判断，为自己做主，认真让你有了严肃的态度。人最基本的两个情态就是娱乐和严肃，娱乐来得容易，严肃认真地做出明智的选择却并不容易。也因为不容易，你困惑了。

收到你来信的时候正值岁末。空气寒冷得像火焰熄灭时的青烟，丝丝袅袅，钻进皮肤，侵蚀骨髓。偏偏岁末的杂事是那么多，我坐在赶往一场场会议的车子里，总觉得无聊困扰着我，只是由于我已经有了些年纪，知道这困扰不过是人生无数困扰中的一种，它终将逝去并且我们必须忍受。

凭借经验，我开始将困扰看得平淡，几乎将纠结减到最低。你信中的困扰和纠结，曾经一样困扰过我，虽然我差不多已经将它忘掉——这既有我健忘的原因，也有别的因素，我在后面会说到。对你来说，这种困扰和纠结现在存在着，但最后也同样会像翻书一样翻过去，所以，不要自乱阵脚。

怎么看待文科

面对"文"还是"理"的选择，如果偏科，做决定反

激起斗志来，因为停下脚步不合时宜

激起斗志来，因为迟早要与自己战斗

倒容易得多，我不太记得自己高中时候面对文理分科的那种困扰和纠结，其原因主要就在于此。我是一个小学四年级就偏科的学生，也许每个人接受文理知识的智力因素本来就有差异，但我回忆起来，这可能跟我小学阶段语文和数学老师的漂亮程度以及鼓励与否有关。显然，我的语文老师占了上风，导致感性的我数学一直学得不好，也导致我选择文理分科的时候可以不假思索。你没有明显的偏科，也就没法享受我的待遇。

Ok，你因此参照了家里人的意见——"家里人都说读理科出路多"。这种说法不能说是对文科的偏见，毕竟从高考的招生人数、各大院校文理科专业的开设情况，以及社会对文理科学生的需求来看，理科生的就业面确实更广些。

那么，读文科就没有出路了吗？当然不是了。文科发展到现在，也有很多岗位可以选择，文科生可从事的职业已不再仅限于我们传统认识的编辑、记者、会计、律师、文秘等。你看，报纸上的房地产广告开始用"诗意地栖居""林泉雅致""原来你也在这里"这样的词，肯定都是文科生在施展才华呢。

就我这样了解文科相对深一点的人看来，文科的好处不仅在于它是谋生的工具，还在于它能带来精神上的享受，丰富人的内心，对语言的运用，对历史的了解，对哲学的体会……这些都万分精妙。当然，不论是读文科还是理科，要出成绩，尤其是成为大师、名家，并不容易，要有点天才，有点兴趣，有点理想主义，有点别出心裁的想象力。舍了这些，很难成功。

兴趣是最好的老师

解释完文科有没有用，再来看怎么做选择吧。我的忠告是，出路固然是需要考虑的一个因素，但你首先应该认真地问自己的内心：我究竟喜欢什么、热爱什么？这比听家里人的建议更重要。

你说你对心理学感兴趣，如果我是你家长就会鼓励你。一般认为，心理学专业就业不太好，主要的出路就是当精神科大夫。其实，真正的心理学是哲学、医学、社会学和人类学的交叉融合，它在学术意义上很有价值、很有趣味；而且按照国外的应用现状，中国目前的心理学应用功能远未尽其所能，心理学还有广阔的开拓前景。

更关键的是，只要你内心真的觉得这个学科趣味无穷，一切就都好办了，"兴趣是最好的老师"，这种兴趣一定会带领你在这个领域有所建树。无论文科还是理科，佼佼者始终是社会的精英，是职业和收益上的丰收者。

选择是可以修正的

你的来信中还反映出两个小问题，我想有必要提醒你。

首先，周围同学有了大学专业选择的目标而自己还没有，你对此感到轻微的焦虑，这没必要。有些人现在选了将来还会再改，这种修改用得好就是抓住了人生中多次选择的机会，但用得不好，就变成了早选早乱、多选多乱。所以，选择时更要紧的还是尊重自己的兴趣和擅长点，要有主见。

我有一个同学，读书时不怎么偏科，成绩不错，他也一直没有太明白自己喜欢什么专业，结果上了不错的大学，读了不错的专业，进大学之后本着"学一行爱一行"的念头，他再发力，成就了自己的后发优势，现在也在工作上取得了良好的业绩。所以，选择不完全按照迟早、先后论英雄，还是要看有没有学习能力、自知之明，以及成长关头的领悟与否。

其次，你很重视这次选择作为"第一个"的重要性，我也赞扬了你面对这"第一个"的认真严肃劲，不过，我还是要强调，关键的选择不止一次，是可以在以后修正、纠错的，切勿过分纠结。

有些人本来处境还不错，但面对选择紧张到失了分寸，严肃过了头就成了"傻子"。我读书时就见过这样一个优等生，他紧张严肃到把自己逼成了精神有问题的人，这是放大了一次选择的重要性而未能领悟人生的全局造成的。聪明人下棋，有全局观，然后再抠局部利益、拼死活棋。

说这么些，差不多了。最后，回到我经常说的，"师傅领进门，修行靠自身"。没有人能代你做选择，所以师傅说的不过是些大道理和经验之谈，能听多少是你的事，关键是领悟多少、执行多少。那么，我勉强算是你师傅，写此回信，祝你顺利!

—— *Tips* ——

▲人成长的标志就是变得认真，对自己判断后认为重要的事情认真

▲兴趣是最好的老师，它会让你在某一领域有所建树

▲人生关键的选择不止一次，很多时候可以在以后修正、纠错，切勿过分纠结

今天推荐日本企业家稻盛和夫的代表作《活法》。稻盛和夫是日本两家世界 500 强企业的创始人，是日本"经营四圣"之一，他的这套书被誉为日本 21 世纪励志第一书。

如果你仅仅把这套书当作职场成功学来读，肯定觉得这和自己没什么关系。但如果你把"工作"两个字替换成"适合自己的事物"或者"自己的目标"，那么，如何找寻自己的喜好，如何设立目标，如何为达到目标而奋斗，相信看了这套书能使你找到答案，热血沸腾。

CHAPTER

05

要不要转做美术生

Be a fine art student or not

　　与别的压力比较，自信的挫败是更致命的失败之因。但真的有不失败的人吗？所以更重要的是通过失败调整自己的观念、位置、方向，让自己宽阔浑厚、心如朗月，这样定出的目标就不会局促，自己做自己的主。

Hello，夏烈！你有没有过被父母的期望压得喘不过气的经历呢？现在的我就处于这样的状态之中。

从小，爸爸妈妈对我的期望就很高：考试要考第一，要当班长，要评上"三好学生"……当然，我也没让他们失望过，从小到大，我的成绩都是很不错的。现在我上了高中，他们自然希望我将来能考上"一本"线，上重点大学。在他们看来，我的实力在班里处于第一、第二才是正常的。

可事实上呢？山外有山，考上了这所重点高中，我才知道自己并不是最好的，班里还有很多很厉害的同学，我的成绩只能排在中等。一年过去了，我努力地学习，但成绩始终达不到理想的水平。

对于我成绩上不去的情况，爸爸妈妈很恼火。也许是觉得我一定考不上重点大学了，最近，他们提出让我去学画画，作为美术特长生去考艺术类重点院校。我已经上高二了，现在再去学画画，根本学不好吧?! 而且我自己一点也不喜欢画画！可是，我的成绩确实上不去，即便努力了还是成效不大，我不得不开始怀疑自己的能力。如果不学画画，或许我真的就考不上好大学了；作为美术特长生，或许还能有一线希望上好大学。虽然自己不喜欢，但为了不让爸妈失望，不让自己上不了好大学，我是不是应该妥协呢？

Flying

Dear Flying：

　　看到你的英文名字，觉得这应该是你最真心的渴望吧？整个来信都沉浸在被压抑的现实诉说之中，到了署名终究要昂扬一下你的期望，算是低调的抵抗，我喜欢。

　　每个年轻人，都希望自己能够飞翔，不被过多的纪律羁绊，实现自己的理想，成为自信、快乐、有成就感的人。我内心也还有这样的年轻的冲动，我讨厌现实中的成规和虚伪，所以我理解 Flying 的向往，我依旧愿意相信这样的状态就是人生最棒的状态。

　　只是客观世界是一个充满地心引力的世界，提醒我们俯身看脚下——飞翔是有条件的，所在的生活空间决定了飞翔的起点。从这个角度想，我们也可以认为，飞翔实际上有地心引力的功劳，只有在决定了地平线之后的展翅高飞和相对自由才能展现杰出者的才华。那么，让我们从这个意义上开始交流吧。

"父母对我期望很高，怎么办"

在目前这个年龄段，父母的高期望都表现在升学上。因为你已经在重点中学，父母就觉得应该考上"一本"线，上重点大学；结果发现你在重点高中"成绩始终达不到理想的水平"，于是一番恼火中要求你临阵磨枪、改弦易辙，转做美术生，考艺术类院校。

父母期望的高和低，跟过往的心理预设有关。因为你过去"没让他们失望过"，他们的心理预设就是，你理应在高中里依旧名列前茅、出类拔萃，理应考上重点大学。碰上了这类高期望的父母虽然会令孩子挺辛苦、备感压力，不过，梳理、认识他们的心理轨迹，不难发现，所谓"高压"，主要来自"我"过去的出色和今天的中等之间的变化，他们无法顺应这种变化，无法从容地对待子女学习教育中的波折。

你在来信中比较清楚地陈述了父母心理变化的过程，这不仅仅是对他们言行的碎碎念，也是一个理解他们行为和思想轨迹的机会。重新梳理，可以发现，既然父母对学习成绩的起伏一时难以从容面对，那不如由我们来掌握理解的主动权，承认他们有期望也是很正常的，正如学习成绩在不同的竞争环境中总有起伏一样正常。

人只要有一个良好的心理建设，就不会很焦躁、很粗暴，或者很逆反，互相就会体谅、鼓励。这一点不光是孩子要学习，成人同样要学习。

当然，还有些父母把期望表现得很强烈，其实是为了给孩子一个适当的压力阀，其中有一定的表演性，省得孩子过于放松。他们内心也是做好了心理建设的，不一定说非华山一条路不可，逼迫一下，确实有困难就退而求其次，采用的语言还是以激励、理解为主，我觉得这就问题不大。孩子们也要领父母的情，做力所能及的自励和回馈就可以。

"临阵磨枪转学画画行不行得通"

回答这个问题得一分为二。

一方面我是很不满意在高考指挥棒的人才遴选模式下出现的各种功利化行为的，临阵磨枪转学画画就是其一。觉得文化课分数不够，进不了好大学，于是高二时纷纷"赶"孩子如赶鸭子上架一般，逼他们转为美术生，让他们走另一条还是千军万马在过的独木桥，勉强发挥他们文化课上一点残余的优势，挤进大学校门。

我工作的学院就是大学下设的美术类学院，我能清楚地看到尤其是靠这样突击考上大学的孩子有多少是不热爱艺术的，对艺术一知半解的，文化和艺术都半吊子水平的。除了少量可以通过大学的熏陶和传授真正领悟到艺术的窍门和境界的孩子，大部分人到毕业仍迷茫于我为什么会学这个，我将来能做什么，该做什么。

另一方面，我也不得不告诉你，很多高二转型、临阵磨枪的同学确实幸运地进入了大学校园，成功实现了大学梦，拥有一纸好文凭。如果你考虑到这些现实的需求，转为美术生学画画也不是不可选择的路径。当然，有理想和有智慧的孩子可以在进入大学之后将自己的特长与所学结合，或者另修自己喜欢的课程、专业，也可以通过研究生阶段再次调整到自己更感兴趣的方向。

即便现在在要不要转做美术生的问题上妥协了，最后也成功实现了大学梦，我觉得依旧不要忘记我们的考试机制存在的弊端。我们应期待它改革，以更符合新时代选拔各类人才的要求。我们要做明智的人，不要做被现实扭曲了价值观和判断力的人。

"我的能力是否值得怀疑"

答案很简单：不。

你在来信的开篇就问我，是否曾经也被父母的期望压得喘不过气来。我的经历跟你不太相同。我当年读的是普通中学，虽然高考是中国所有学生的"必经之路"，必然受挤压，但那时候大学的录取率才 27%，上不了大学也不可耻。况且我从来没有优秀到令父母期望值很高，他们的心理预设还不至于让我喘不过气。我是在高中毕业工作后被社会的压力逼回来学习的，同时也是被自己的兴趣牵引着选择了热爱的专业：中文。我重新回到了大学的课堂，而即便没有回到大学，我也相信自己不会脱离阅读、研究和写作。

真正的学习源自内心的渴求，真正的学习也必然跟年轻的个体深入社会、自然和生命奥秘有关。所以，考试分数一时的高低不能说明人生质量的高低，也不能说明一个人综合能力的高低。越来越多的研究证明，每个人的才能是不同的，有些可以用标准化的考试来衡量，有些则完全不能。常规的考试固然能够考查诸如逻辑、认知、计算、记忆等的能力，可依旧有很多能力与整齐划一的考试无关。

就社会而言，更多元的人才选拔和评价方式代表社会制度的健全与人性水准；就个人而言，自信、明智、积极、从容，一定是走向完善和成功的美好力量。我们要这样期待社会，更要这样成就自己。

所以，我不直接给你意见，但支持你认识自己、认识社会，给未来的自己做主，只有这样，妥协与否才不会是最重要的，家长期望的高低也会被你自己的高瞻远瞩远远抛在后面，你将为自己的兴趣和梦想而活。

Tips

▲人需要有一个良好的心理建设，面对起伏，不焦躁、不粗暴、不逆友

▲真正的学习源自内心的渴求，真正的学习也必跟年轻个体深入社会、自然和生命奥秘有关

▲自信、明智、积极、从容是走向完美和成功的推动力

今天推荐陈丹青的《退步集》。陈丹青，一个艺术家，一个老"愤青"，一个从清华大学美术学院辞职的教授和导师，他从纽约回来，他从世界看中国，他在文化和艺术里面讲它们的问题。

《退步集》曾畅销一时，现在依旧值得一读。读这本书可以帮助与 Flying 有同样困惑的同学思考：到底值不值得去学画画，从事艺术行业；毕竟这也只是一个长辈的想想说说，不用太听他的意见，但值得学习的是他想想说说的能力。

CHAPTER
06

老师虚伪吗
Are teachers hypocritical?

　　心怀相信，不仅仅是对别人，更重要的是对自己。你能否相信别人的善意期待世界可以变好？这决定着我们的幸福感和一生的行动方向。这一点，应该细细体味。

Hello，夏烈！这段时间，我的精神总是很难集中，上课经常走神，倒不是因为学习问题——我的成绩一直还不错，在班上还是数学课代表——是与老师、同学的关系缠绕着我、折磨着我。

前些日子，我们的数学老师生病住院了，班长组织大家捐款买东西探望老师。我没有捐钱，也没有去看望他。前面说了，我是班上的数学课代表，数学老师病了都不去看一看，是不是太冷酷无情了呢？呵呵，我的同学都是这么想的，大家开始疏远我，甚至有人背地里说我"连狗都不如"。

其实数学老师很喜欢我，待我很好，但我始终觉得，这种好是虚伪的，他一定另有所图。为什么我会这么想？因为老师都是虚伪的！为什么这么说？跟你说说我小时候的经历吧！

小时候，我的父母在外地做生意，他们把我寄养在一个女老师家。每当月末爸妈来探望我的时候，那个老师就表现得很热情，对我的关心无微不至。爸妈一走，她就立刻拉下脸来，动不动就训斥我。有一次，爸妈没有及时把生活费寄来，她竟然找了个理由不让我吃饭！这以后，我就看清了老师的嘴脸，他们都是有所图的！

虽然现在这个数学老师待我不错，但是，如果我不是课代表，他肯定懒得来搭理我吧？况且，待我好还不是因为想让我帮他跑腿打杂。

鹏飞

Hello，鹏飞!

你的来信，我很不好回答。不是问题难，而是因为身份尴尬——我也是老师。你的话往我的心头戳了把刀子，难受啊!

不过我马上提醒自己：夏烈，你不虚伪啊，你以前不是在学校上班的啊，你此生大量的时间没在当老师啊! 按鹏飞的理论，老师才虚伪，你难受干吗? 还有，人家说的是小时候和现在高中的老师，他没说大学老师虚伪，你又何必自找苦吃?

那么，我就不难受吧。我可以放轻松地站在你的战壕里回答你的问题了。

对学生好的老师都是虚伪的吗

你小时候少了点运气，没遇上好老师，正因如此，你会对老师存有偏见。

我想起我初中的几位老师了。

刚上初一的第一周，我就生病发烧了，烧退后还要打一周的针。如果自己步行去卫生站打针，课间操的时间是不够用的。彼时的班主任张是一个高而帅的男老师，他主动在课间操时间骑自行车带我去打针。因为他的陪护，我不但没有耽误学习，父母也能安心工作。还有一个额外的好处是，我打针的痛苦被减轻了，他会以鼓励或调笑来分散我对注射的畏惧，还会在打针后抱我上他的自行车后座。一学年后，他生病没法带我们班了，同学们想去探望他却被拒绝了，他让人带话来叫我们好好学习。他，从头至尾，没有向我和同学们索取过什么。

我之所以喜欢写作，走上与文学相关的道路，是因为初中的语文老师。她是一位年近五十、严肃厉害的老教师，管学生有一套，那些大高个、爱捣乱的同学都惧她三分，但她同样是一位出色的语文教师。是她，发现初一的我作文写得不错，在几个班的语文课上都提到我，还难得含着笑意地对我说："你好好努力，说不定能成文豪哦!"接着又故作严肃地补充："但不要骄傲!"二十多年过去了，我没有再见到她，没有去拜望她，我还不是"文豪"（令她失望了吧），但总想有机会写下她对我的关照（今天有了这个机会），不知她一切可好?

我读的初中是一个传说中"很乱"的普通中学，但这儿有一位以大学副教授身份安心教高中地理的老教师，她猜题神一般的准。不过她有比较严重的心脏病，经常被我们的喧闹郁闷到在讲台上一手拄着教鞭，一手捂着胸口长久地沉默。当我们发现自己班的成绩排在整个年级的末位，沮丧的情绪迅速蔓延。她在课上，用了半节课的时间说了一段早晨看到校园里同学扫落叶的故事——风吹开了已经扫好的落叶，那个同学又努力地将它们扫成堆——只有坚持，只有依靠自己，才能解救自己、获得成功。那一天，连最调皮的家伙也安静地听她讲，从此，我们更懂事了一些，也难掩对她的尊敬。

在老师们的爱护下，我来到像你这样的年龄。因为这些老师的存在，我完全有理由不同意你的观点：老师们待学生好，这种好是虚伪的。我只能说，你小时候少了点运气，没遇上我遇见的那些好老师。当然，也因为没有遇上好老师，你会对老师存有偏见。而遇上了好老师的我，相信即便只有一位，也足以让我抗拒很多黑暗，相信教师其实是一个有光芒的、神圣的存在。

现在社会功利，老师会变得虚伪、功利吗

要辩证地看待当今时代教师的职业。

对我这种教师"乌托邦"思想，你完全可以一招制胜

驳倒我：二十多年前的老皇历能代表今天吗？过去或许好老师不少，但现在这么功利的社会，完全有可能充斥着虚伪的、居心功利的老师啊。

我同你一样，感受着这个时代，听取着这个时代的信息，当中有很多关于教师无道缺德的龌龊事。但我们得学会辩证地看待当今时代教师这个职业。

一方面，像你小时候遇见的那个寄养的女教师一样失了师德的老师，肯定大量存在。他们的存在对教师职业及其特殊性、神圣性构成伤害，也造成如你一般的年轻人心中难以拂去的心理阴影。由于教师几乎是我们心智、情感成长最早就开始参与、介入的角色，他们成了家人以外最重要的人生导师和生命伙伴，所以，我想对有志于从事教师工作的人说，如果简单地认为教师不过是一份养家糊口乃至发家致富的职业，奉劝你不要来，免得误人又误己。再者说，正常的教师职业也无法让人暴富，这只是一项人类灵魂和知识养成师的工作。当然，教师的极致是让世界上的富者、贵者都向他致敬鞠躬，说他们的成就都离不开教师的培养。

另一方面，我们也应该明白，我们每一个人心中其实依旧认为教师这个职业非同一般，具有特殊和神圣的要求。否则我们为什么要对高校教师科研成果的剽窃、造假

"零容忍"？因为我们认为高校教师象征着学术的原创和追求真理的纯粹精神。否则我们为什么对中小学教师、校长爆出的戕害学生身心的丑闻如此愤怒？因为我们觉得中小学教师本身就等同于学生的父母，怎可人不如畜？否则我们为什么对体罚、素质教育、教育改革那么关心？因为我们希望教育体制能解放教师和学生的功利关系，让他们更多地释放创造力和真善美，完善人性的健康力量。

你遇到的虚伪的老师绝不是教师的全部

应该享受与老师合作过程中建立的默契和你获得的成就感。

就鹏飞你的亲身经历而言，你应该学会的辩证视角是：曾经那一点儿"老鼠屎"绝不是教师的全部。以偏概全的思维方式是错误的，你应该放开胸怀去体验、认识、亲近教师中的优秀者，让他们的光芒照进你的心灵。而之所以别人的光芒能照耀到你，首先是因为你也用阳光的心态期待和看待别人——这就是我那位地理老师说的，要创造幸福全靠我们自己。事实上，即便20多年前，也有好老师、坏老师之分，但你找得到、用得好那些温暖、闪光的人和事，你就会受益一生。

另外，你认为你是课代表，老师对你在工作上有仰仗才对你好，我觉得这也很正常。很多友谊和信任，就是在具体事务的合作中产生的，完全不需要通过互相合作就无条件地对你好，我想真的只有父母和一见钟情的爱人才做得到。你既不想老师虚伪，又要求他们对你天然有无私的爱，你是在期待身边的人都是圣人吗？各种宗教和神话里的神佛还有脾气呢。所以你应该享受与老师合作过程中建立的默契和你获得的成就感，只要他能尊重你的价值和尊严。

我想你完全可以去看看病中的数学老师，他待你好应该是因为他是一个好老师。在这个世界上，怀疑是一种必要的能力，但信任会诞生奇妙的福报。你试试用信任走出第一步，也许一生都会有美好的福报伴随着你。祝你快乐!

—— *Tips* ——

▲相信光芒、神圣的存在，这足以帮助我们抗拒很多黑暗

▲用好那些温暖、闪光的人和事，这将使我们受益一生

　　向大家推荐林清玄的经典散文"菩提十书"系列。林清玄，著名散文作家，他从文学到佛学，悲智双运，情境兼容，不断创造推新，自成一家之言。

　　"菩提十书"是林清玄写作生涯中最重要的作品，也是其思想和风格形成的代表作。"菩提"喻指佛教中觉悟的境界。面对世事纷乱，人心迷惘，林清玄以自己的切身体验和思考，将佛理修养化作美好心情，把我们的心灯点亮。如果你感觉自己命运多舛、意志消沉、心浮气躁，读这套书能使你重新充满希望和信心。

PART FOUR

成长

初识愁滋味

CHAPTER
01

我要 MAN 一点

I want to be more masculine

不要让未来的自己，讨厌现在的自己。所以，我们就不要讨厌现在，也不要讨厌自己。上帝给人时间，就是相信，我们都会成为他喜爱的孩子。

Hello，夏烈！你觉得自己有男子汉气概吗？我是个很闷的人，不喜欢在人前出风头，也不善于在人前表现自己，可我心里十分希望改变。

我很爱看武打片，崇拜片子里惩恶锄奸的英雄，向往成为那样的男子汉。但是，在现实中，如果和陌生人发生矛盾、冲突，我的反应是很"软"的。有时候，明明道理在自己这边，我却无法像别人那样提高嗓门为自己讨个说法。如果是我理亏，我就更说不出什么话了。

其实我心里很想让自己强硬些，事后我也会在家里反复想象矛盾发生时的场景，然后想出一大堆当时我应该说却没说的话，还提醒自己下次就这么说，不要不出声。可要是再遇到这样的情况，我肯定又不出声了，因为对方可能比我想象的更强悍或者更无赖，总之，实际情况和自己的想象总是有差距的。就这样，我想变得 MAN 一些，可一直不成功。你说我该怎么办？怎么让自己 MAN 起来？

Lee

Hello，Lee！

谢谢你问了我一个很 MAN 的问题，这是男人之间的交流，是你对我的信任，我很高兴你如此真诚！

你唯一的犹豫来自开头，你问我"你觉得自己有男子汉气概吗"，我笑了，我愿意不假思索地立刻回答："还不错，我很 MAN!"不过半分钟，仅仅在半分钟后，我就暗呼惊险，因为如果我不是一个很 MAN 的人，而是有点"娘"，或者我即便有六块坚实的腹肌依旧外强中干、临事就溜，那么，咱们的对话就不免尴尬。虽然有点"娘"也不是一种错，不过，今天我们还是先来谈谈 MAN 吧。

什么是 MAN？简单地说，MAN 分身、心两方面，要求内外兼修——

"外在的 MAN"容易修炼

视觉所得是最直接的。就好像有人说，善良的女生需要我们慢慢地去认识、去发现，但漂亮的女生是我们一看便想去交往的。对于身体的判断也是这样，身体强健是一种一目了然的 MAN。只要人高、肩宽、胸厚、肌肉块垒分明，并且常常运动、健身，保持四肢发达，Ok，你就符合了"外在的 MAN"。

所以你如果有心、有空，可以多多少少在"外在的MAN"上下点功夫。这很容易修炼，并且有利无害——不仅能让与你交往的女孩子感受到"安全感"，也能让你在与人交往时有"我很 MAN"的自信和底气。

不过，我得承认，我不是这类的 MAN。年轻时，我的肌肉不够，现在逼近中年，肉有了，只可惜不是肌肉而是肥肉，好在我还有"内在的 MAN"。

"MAN"是一种内在的生命力

我们依赖视觉的判断，但视觉却又是最容易骗人的。随便耍个花样，做点光与影的小游戏，视觉就会出差错。它就跟青春期一样，也真实、也幼稚，一骗你就蒙。所以，还得依赖内心来衡量一个男人是否真的 MAN。

你看过周星驰的电影吧，他饰演的主人公中大部分的外貌是不够 MAN 的，不过他们的内心最后会无比 MAN。比如电影《破坏之王》中，送外卖的阿银喜欢上了校花阿丽，作为不起眼的底层小人物，阿银一直笑料百出，但当他戴上加菲猫的头套战胜柔道高手黑熊时，当他用一招"无敌风火轮"打败空手道大师兄时，那种 MAN 谁敢质疑?! 又比如电影《功夫》里好面子、爱出风头的古惑仔，开始的理想是放弃尊严挤进黑社会。当被激发出正义感、小宇宙重获生命力时，凤凰涅槃的他施展了绝世武功"如来神掌"，完成了惩恶锄奸的壮举。那种玉树临风的姿态，脱离了此前的功利、猥琐，展现了英雄的气概和李小龙般的矫健身姿。不要认为这只是影视作品的夸张、虚构，生活中其实有不少人平常很普通，但面临锄强扶弱、见义勇为的那一刻，"MAN 力"四射，助人为乐，有的甚至不惜牺牲生命。

所以说，MAN 更多的是一种内在的生命力，是一种内心世界的刚健、勇毅、正义感和责任感。

通过责任感体现"MAN"

Lee，你认为在冲突面前要有"出头"的能力，这确实是 MAN 的一种表现形式，但 MAN 并不仅仅表现在此，大多数人可以通过"责任感"来体现自己的 MAN。

一个丈夫，一个父亲，当他为自己的家庭勇于承担，尽其责任加以呵护、维系，用一辈子守护房檐下的满屋温暖，那他就是妻子、孩子眼里最可依靠的大山。一个男人，一个社会中的男性公民，当他事业有成之时，不忘捐助弱者、扶持他人、救灾援难、关爱社会，那他就是百姓眼里最有气质的社会中坚、道德楷模。这些对现在的你来说或许还太远，但作为一个学生，如果能够在钻研学业之余，帮助同学、关心弱小，关键时刻表现出判断、决断、担当和领袖的能力，那么，他就能成为同学眼中热心、可靠的男子汉。

具体点说，比如，当大家围绕一个话题纠缠得没有结果的时候，那个能够帮助解释原因并让人信服，使纠缠停止的人就表现出了一种力量。当然这需要你自己不断地积累知识、思想，更重要的是要敢于说话，不一味沉默或者说话忸怩。再比如，当同学有困难希望得到帮助的时候，能够急人所急，但又不夸夸其谈、好大喜功；遇到集体的事儿，不自私推诿，踏实承担自己的职责，把事儿做漂亮了；即便遇到特殊事件，也能冷静机智、沉着应变，保护应该保护的对象……这些，都是你可能会碰上并值得一做的。

我特别理解你现在的感觉，这是一个男人在成长期中的自我怀疑，因为自己不够坚强和有力而希望自己能尽快变 MAN，这恰恰是获得自信的良好开端。我要给你的建议是：点滴积累，增强自己的刚健、勇毅、正义感和责任感，相信时间，耐心等待自己的成长。

—— *Tips* ——

▲MAN 更多的是一种内在的生命力，是一种内心世界的刚健、勇敢、正义感和责任感。

▲自我怀疑恰恰是获得自信的良好开端，点滴积累，耐心等待自己的成长

既然提到了怎样变 MAN，今天就推荐俄罗斯作家屠格涅夫的第一部长篇小说《罗亭》。英俊有才的罗亭热爱自由、能言善辩，向往理想的生活、事业和爱情。但他是"语言的巨人，行动的矮子"，不敢接受自由的爱情。自我怀疑的罗亭是文学史上"多余人"的一个代表，但他最后成为争取自由的战士，死在巴黎的巷战中，树立了一个男人的形象。

CHAPTER
02

追星的烦恼

Groupie's annoyances

都市生活是美好的，也是光怪陆离的。我们既要享受其美好，也要接受其光怪陆离。我热爱生活，所以深深地爱着我居住的都市，你呢？

相信光芒、神圣的存在，

这足以帮我们抗拒很多黑暗。

Hello，夏烈！

我是一所重点中学的学生，我有很大的梦想，但在实现梦想的道路上，我遇到了阻碍。

从小我就喜欢关注明星，一来是好奇，二来是我一直对传媒业有兴趣，这也是我对自己未来人生规划的一部分——不是当明星，而是开一家传媒公司。

但是关注明星太耗费精力了，现在，我想甩掉脑海里关于娱乐圈的一切。可是关注了这么多年，好多东西，像是明星八卦之类的，已经深深地印在脑海里，忘不掉了。比如，看到"幂函数"这个词，我就会想到杨幂。上课的时候、做作业的时候，甚至发呆的时候，我都会不由自主地去想明星们的那些八卦，这严重影响到了我的生活和学习。

还有，对娱乐圈了解得越多，我就越觉得这个圈子很畸形——电视剧越"雷"越红，新生代的明星不需要怎么努力（至少表面看起来）就能走红。有些明星明明很"雷人"、很俗气，却还自以为是得很。更让我受不了的是，竟然还有一堆"粉丝"紧紧追随他们。他们轻而易举地就获得了成功，得到大导演的青睐，获得高昂的片酬，我们却在学海中苦熬，看不到希望，这让我觉得很不公平。

怎么办，我该怎么控制自己不去想这一切？我好像已经被这些缠绕得神经衰弱了。

豌豆朵朵

豌豆朵朵"小盆友",你好!

我认为,你是个人才,21世纪很适合你。为什么这么说?经历了20世纪最后30年到这世纪已经过去的十多年,我深刻地感受到时代的一些变化。关于这些变化,咱们俩先"私聊"一会儿(就当其他读者不存在吧)。

明星是文化的一部分,追星正常

第一个变化是,大众文化席卷全球,无论严肃的精英知识分子愿不愿意,这变化都通过文化工业以及网络与信息传播,成为世界性的事实——我不知道你有没有听懂,应该听得懂吧。

我想说的是,大众文化显然离不开明星那些事儿。年轻人打开电脑、手机,年纪大一点的人打开电视机、翻开报纸,里面处处离不开明星们的正经事和不正经的事。他们是我们娱乐细胞的一部分,而娱乐是人类的本能,包括八卦。

所以追星是正常得不能再正常的事,你没必要纠结,从中找到积极的、指引你向上的能量才是必需的。你说你有人生规划,将来要"开一家传媒公司",这让我有些惊讶。我现在也在和一些明星接触,我觉得按照目前这种社会发展趋势,你这个 idea 大有发展的空间。

第二个变化是,中国社会越来越宽容,也越来越世界化。开传媒公司的想法若是在 30 年前提出来,那简直是没文化、没规矩,但现在,谁也不会嘲笑这个创业梦想。在高中阶段就找到自己的奋斗目标,这是一件多么美好的事,我支持你! 等未来的你觉得时机成熟了,着手开那家传媒公司,那时候我也许可以投资一点,或者介绍明星给你认识……

学会做减法,别把自己当作明星经纪人

Ok,私聊结束。你是来向我求救的,我当然要针对你的问题提点儿解决之道。——帮助你就是帮助未来的我,没准将来咱们还要合作呢!

现在的你很纠结,你在信中用了一些"痛苦"的词句:"太耗费精力了","这严重影响到了我的生活和学习"。很明显,你还太年轻,从信中可以看出你情绪的分裂,讲到明星和八卦时是多么兴奋难抑,讲到学业和幂函数时又是那么恶狠狠地面对自己。我们总是要面临选择

的，这是人生的常态，有的选总比没的选好；但是我们要尽量不让这些恼人的选择在头脑和生活中盘旋太久，太久了伤身、伤脑、伤心。

你要学会做减法。如果你是要在本科或研究生毕业之后开传媒公司，那么应该还有八九年要等吧。八九年后，很大一部分明星过气了、消失了，当然，也有其他未知的变化。我问你，那时候张靓颖会不会更红一点，李宇春是不是专攻影视剧了？《中国好声音》的学员里，还红着的会是平安还是李代沫？如果你喜欢的不是选秀明星这一拨，那么转个方向。范冰冰肯定已经是"范爷"加"范董事长"了吧？Angelababy 的演技能有进步吗？冯小刚没准成了世界级大导演，葛优甚至张国立会变成人民艺术家……你们家小幂幂红得太快了，8 年后她还会这么红吗？总之，一切都在变，你现在关注的，8 年后多半会成为老片花、旧花絮。君不见，八卦小道天天有，新人哪闻旧人哭，要做娱乐股，赶早也没用。

你懂我的意思吗？说得再明白点吧，就是追星这档子事你当作业余爱好也就罢了，现在深陷其中不值当也没大用处，你不会现在就把自己当成哪个明星的经纪人了吧?!

对娱乐圈有批判是好，但不要钻牛角尖

你对娱乐圈的批评我觉得很好啊。"畸形"，是因为那是名利场，是在聚光灯下，是万千"粉丝"宠爱在一身，而其中的真真假假，如曹雪芹所说"假作真时真亦假，无为有处有还无"，这就是"戏"。你说一些新生代的明星很容易就走红了，吸引一批"粉丝"紧紧追随，你怎么知道他们没有别的付出呢？

但你揭示了问题：第一，娱乐圈难免"畸形"；第二，目前中国观众的欣赏能力和"粉丝"心态有点"低"。后面这一点，就需要有好作品、好市场、好团队来引导、改变。年轻观众为什么喜欢上网看美剧，这就是很好的参照和对比。娱乐也有高低层次之分，娱乐还有很多技巧要提高，娱乐也有自己的漫漫人生路，你的这些想法会让真正的娱乐加分，这也是为什么我看好未来的你可以做娱乐事业。

不过，亲爱的豌豆同学，你说"他们轻而易举地就获得了成功，得到大导演的青睐，获得高昂的片酬，我们却在学海中苦熬，看不到希望，这让我觉得很不公平"，我不同意。不说别的，你不是他们，你更不必拿自己的"学海苦熬"跟他们做对比。每个人都有自己的目标和道路，理论上这是你自己选的，你怎么知道你"学海苦熬"的未

来一定比他们差呢？人生的真正价值是什么？究竟是做你自己爱做的事，还是在聚光灯下做自己未必爱做的事呢？这些很微妙也很复杂，不必现在钻牛角尖。

如果你真的神经衰弱，建议你去看医生，你要活得健康才好。让你的传媒公司许我一个未来吧。谢谢!

—— *Tips* ——

▲追星是再正常不过的事，但需从中找到积极的、指引人向上的力量

▲面临选择，是生活的常态，我们需要学会做减法

　　如豌豆朵朵所说，为什么有的明星明明很"雷人"、很俗气，竟然还有一堆"粉丝"紧紧追随他们？这就涉及社会心理学的范畴了。从社会学的角度来说，每一种文化都有其生长的土壤。在你眼里"雷人"、俗气的明星，在别人眼中或许就是时髦炫目、张扬自我，这些时髦炫目、张扬自我是他们想追随或想表达而未敢的，这些明星迎合了这种心理需求，自然就有"粉丝"追随了。

　　给大家推荐一本社会心理学方面的好书——法国著名社会心理学家古斯塔夫·勒庞的《乌合之众：大众心理研究》，书中极为精细地描述了集体心态。这种专业领域的书籍不免严肃，但若能静下心来细细品读，你会对追星这种集体行为有新的理解和认识。

CHAPTER
03

摘不下的帽子

The hat never taken down

  寻找美才是人类的天性，这件事比寻找真和善都来得本能。为美而忧伤同样是一种美。但对于自己的人生，我劝大家寻找适合自己的美吧，因为我们还要依赖她获得自信、快乐、阳光般的心情乃至抵抗风雨的勇气。

Hello，夏烈！鼓起勇气给你写这封信，希望你能帮我走出困境。

天气渐渐转暖了，周围有不少同学已经迫不及待地脱下了帽子、围巾，换掉了厚重的冬装。可即使真的感到很热了，我也还是想尽量忍住，多戴一天帽子。不是我有多爱戴帽子，也不是我有什么毛病，这个理由真的很难说出口——我……我的脸太大、太难看了……

看到这里你一定会笑吧?! 我想没有一个人看到这里能忍住笑的，我就是这么可笑。

从小，小朋友们就爱围着我叫"大头""大脸猫"。妈妈告诉我："脑袋大的人聪明，他们这是美慕，不用搭理。"可是现在，班里的其他女生都有小小的脸蛋、大大的眼睛，有漂亮的马尾辫，有各种各样好看的头绳、发夹。而我，没有大眼，只有大脸。我也不敢像她们一样留长发，不敢用发夹，因为扎起辫子、夹起头发会使我的脸显得更大。

老师和其他同学的眼里似乎也只有那些漂亮的女生。我的体育成绩不错，个子又高，可运动会入场仪式上，老师却让她们走在班级方阵的最前面。大扫除布置任务时，劳动委员只安排她们扫地，却要我爬上爬下地擦玻璃。下课了，女孩子凑在一起讨论某个偶像，我只能在边上默默地听，因为如果我说自己也喜欢他，一定会换来别人异样的眼光。

　　我就是这样，除了脸比别人大，什么都不如人。听说很多明星的小脸都是整容整出来的，我也想试一试，让自己能和正常的女孩子一样。这样有用吗？

Selina 乖乖

Selina 乖乖，你好！

　　我想我理解你的感受。

　　虽然我的脸并不大，但在青少年时期，我一直被周遭的人担忧"太瘦了"，瘦到大家对我的身体是否健康至少是消化吸收功能是否良好表示怀疑。你懂的，无端受到来自周遭的压力是一种糟糕的感觉。我们每个人都渴望赞美，而不是指指点点、有所贬损。遇到这样的处境，即便我们平日里内心强大、常自我鼓励甚至感觉良好，还是会觉得生活圈是漏的，总有口水要渗进来。

真正的朋友不会在意你的大脸

　　人生就是这样，有无数的矛盾和不完美，比如交朋友这件事。如果有人因为你的"大脸"而歧视或嘲笑你，在我看来，这些人显然不配成为你的朋友，因为他们还不懂得你的美以及人与人相处最重要的是什么。与他们不同，一定会有人不计较你的脸是大是小，他们会因为你的性格、语言、行为、思想具有魅力或者彼此之间有相似之处而留在你身边，你们会相处得越来越愉快，越来越合拍。

人的交往中只要还有朋友，无论多少，都是正常的，都是可珍惜的，都是正能量。我有时候觉得，这样的朋友哪怕只有一个，也比一堆人云亦云、不甚知己的人在身边有趣得多、快乐得多。

这样的朋友你有吗？如果你告诉我，因为你的"大脸"，身边没有一个这样的好朋友，那么，我会感到惊讶，我会开始考虑你是否存在一些其他方面的问题而不自知。

塑造属于你的个人魅力

交朋友的法宝是个人魅力，这与"大脸"无关。我们可以通过个人的才艺、性格吸引到合适的友人，这些个人魅力同样会保障你在老师和同学们的眼中、心目中的地位。

所以，你要塑造你的个人魅力。如果觉得"大脸"是障碍，那么你一定要具备一些其他优点。你还是学生，只要用心学习，终究会脱颖而出的。至于聊偶像八卦，我想那些信息全面、对偶像一举一动了如指掌的孩子，应该会成为聊天派对的中心。

　　等进入成人社会，你会发现只要成功，身边总是不乏赞美和拜服的声音的。一个典型的例子就是马云。他的脸型够奇特了吧？当他带领阿里巴巴和淘宝网取得骄人业绩，当他用英语和母语在国内外的讲台上侃侃而谈，谁会说他这张"大脸"乃至"怪脸"不该出现在世界的舞台上，与全球的精英们共商未来呢？

　　说到马云，我还想到另一个人，他的脸给我留下了深刻的印象——不是大，而是扭曲，他就是物理学家史蒂芬·霍金。他在 21 岁时患上了会使肌肉萎缩的卢伽雷氏症，从此禁锢于轮椅，只有三个手指可以活动，脸部变形扭曲。但因为他在广义相对论和宇宙论上的杰出贡献，人们毫不吝啬地称他拥有当今世界最智慧的头脑，是人类在物理学、宇宙学、哲学方面最伟大的导师之一。这样的人物我不想再列举，这些已经够了，他们已经说明了什么才是魅力的终极源泉。

勇于表达心中的希望

　　从你信中的倒数第二段，我看到了你的才艺和特点，比如体育成绩不错、个子高、能爬上爬下擦玻璃、愿意参与偶像讨论……不过似乎你在性格上、认识上还欠缺一点什么。你觉得老师、同学没有重视你，但其实是不是可以这样理解：你的体育优势、身高优势、劳动优势都被老师和同学们看到了，所以，运动会入场式上从矮到高排，你会在后面，大扫除的时候你会被安排去擦其他女生擦不到的玻璃？

你希望像漂亮的女生那样走在班级方阵的最前面，偶尔也能被安排扫扫地，尤其是可以被尊重，可以一起讨论偶像。Ok，你的要求丝毫不过分，不过千万别心生怨气，从而看不到自己的优势和特长。

你想要达到的那些"希望"，完全可以勇于表达，向老师和同学们提出。我不觉得一个体育好、人又高挑的女生就不能走在班级方阵的最前面，就不能偶尔也过把瘾扫扫地。至于谈喜欢的偶像，no problem 啊，你干吗"只能在边上默默地听"？大胆参与讨论好了，何必管别人的眼光？你想得太多，才会觉得别人的眼光一定是"异样"的。如果他们真"异样"，你就找不异样的人聊呗。

学会自嘲

此外，我还要跟你说一个关键词：自嘲。我们这一生其实难逃被嘲笑的可能，一个无比帅的花样美男，也可能因为他一脚踩到狗屎而笑煞众人，所以，我们就要学会自嘲这件事。

自嘲，既可以说不得已，又可以说是化险为夷、化尴尬为微笑的高尚技巧，有时候是让别人闭嘴也让自己解开心结的最好方法。

比如，古希腊的哲学家苏格拉底，他的妻子是个悍妇，经常莫名其妙地欺负他，但他受了欺负也不反抗，只是在外面游荡。别人就笑话他："你怎么娶了一个这样的老婆呢？"他则笑答："这就像骑马，好的骑手怎么愿意找一匹好驯服的马呢！你要是娶了个好妻子，你会很幸福；但你要是娶了个坏妻子，就会像我一样，成为哲学家。"——生活中很多人都靠自嘲换回了轻松的氛围，我就记得有好几位自嘲"脸太大"的，比如中国的斯诺克神童丁俊晖、音乐人高晓松，都常常拿自己的"大脸"开玩笑。所以，对于自己的"大脸"，我们不妨开心地说："我面子好大啊！"

自然最健康

最后来说说整容的问题吧。我见过不少女星，她们的脸确实小，就是那种"巴掌脸"。我记得第一次见到这样小脸的女星，远远地看她走过来，当时脑海中跃出四个字：忽略不计。屏幕会放大脸型，这种"忽略不计"的小脸在屏幕上看非常美，但在生活中实在小了点。你拿明星整容做比较，我看算了吧，大家不在一个参照系，你又不需要出镜。

如果你的"大脸"是肉多的缘故，可以参照专业意见，多做面部运动让它瘦下来。如果是骨骼的缘故，我建议通过发型来修饰。留长发、扎辫子、夹起头发确实不合适，但齐肩的中长发通常是适合"大脸"的。等将来条件允许，你还可以试试"梨花头""蛋卷头"，它们都能将脸型修饰到视觉最佳。毕竟自自然然最健康。

我说了那么多，想你也该懂了，人最大的魅力还在别处——恰如陆游讲如何写好诗时说的"功夫在诗外"。

—— *Tips* ——

▲交朋友的法宝是个人魅力

▲有时，自嘲也是化尴尬为微笑，或者让他人闭嘴、让自己解开心结的好办法

▲除了整容，还有很多种方式可以将脸形修饰到视觉最佳，毕竟自自然然最健康

今天推荐一部轻松的电影《初恋这件小事》。电影讲述了一个发生在泰国的灰姑娘变公主的故事。一个相貌平平的小姑娘，因为暗恋学长，开始了自己的变美旅程，最终收获爱情。

在电影里，除了纯纯的初恋，我们还能看到，随着剧情的推进，女主角越来越漂亮。她当然没有整容，只是在力所能及的范围内把自己打扮好了。更重要的是，她善良乐观，努力向上，好好读书，积极参加社团活动，终于成了全校最闪亮的明星。美，很多时候是在相貌之外的！

CHAPTER
04

人存在的意义
The meaning of human life

　　人生这回事，很多人都觉得如能重来一次，一定更成熟、更成功、更事半功倍。其实不然。带了点经验穿越，结果又遇到新问题，越走越陌生，依旧不顺心。所以一天到晚跟今日赌气吵吵嚷嚷要重来一次的，心态都太僵硬。人生要好，先要学会柔软、明理。

Hello，夏烈!

"人的价值就在于创造价值，就在于对社会的责任和贡献，即通过自己的活动满足自己所属的社会、他人以及自己的需要。对一个人价值的评价主要看他的贡献。人的贡献是多方面的，可以是对某个人或某个集团的贡献。但最根本的是对社会发展和人类进步事业的贡献。在今天，人的贡献主要是对工人阶级为代表的广大人民群众的贡献。评价一个人的价值大小，就是看他为社会、为人民贡献了什么。"

这段话几乎被所有人认可，并奉为真理，但我认为它有点问题。研究个体的意义需要放眼于整体，看它对整体的作用。这段话把个人放在了人类社会这个大集体中，把人对这个集体的贡献当作人最根本的意义。这无疑有些狭隘了。须知人类存在于地球之上，或者再大一点，存在于宇宙之中，人类是宇宙的一部分。人类是个体，宇宙是整体。所以，研究人的意义是不是要把它放在整个宇宙中呢?

之所以要拿出人类和宇宙这么大的概念，是因为我有这样一个假设：如果我们认为的个人对于人类社会的意义与实际上人类对于宇宙的意义不相符，那么，我们所认为的便是错的，这不是人类的真正意义。

人类对于宇宙的意义究竟是什么? 这个问题太大了，

那我们先从小的开始。一个生命体，比如说，你，对于一个非生命体，比如说，一支笔，存在的意义是什么？即你存在的意义是什么？是好好运用它，拿它写字画画吗？还是要好好保护它，不让它受伤破损？我认为，这两者都是不成立的。

你对于笔的意义，在于能满足它的需求，你做的与它的需求相符，那你就表现出了你对于它的意义。但是一支笔的需求是什么？它是由一堆原子组成的非生命体，没有思想，所以也就没有所谓的需求。因此，我只能得出一个无奈的答案：人对于笔而言没有任何意义。据此类推可得：在非生命体面前，生命体不存在任何价值。如此，我们便能回答人类对于宇宙的意义这个问题了，答案是：人类的存在毫无意义。

想到这儿，不免觉得我的人生瞬间黑暗了。Hello，夏烈，你怎么看这个问题？

佚名

尊敬的无名氏：

你好!

我前所未有地采用敬称，是因为你的来信表现出本专栏开设以来前所未有的哲学精神。在我接待过的你的同龄人中，有热衷娱乐的，有少年怀春的，有厌倦父母的，有焦虑高考的……记忆中只有你，不是和我谈如何励志，而是谈人的价值，并且不是就张三李四谈具体谁的价值，而是从宇宙看个人，追究人类的终极价值。你的问题突破了"小我"，很牛!

你所提的问题其实是一个比较基础的哲学命题，我本可以用一堆术语和你高深地探讨一番，不过编辑们警告我，不准玩虚的，谈哲学也能谈得通俗易懂那才是大师。好吧，那我就先把你的问题用通俗易懂的语言表述出来：

(1) 每个人的个体价值为什么要通过对群体的贡献来评判?

(2) 如果每个人的个体价值要通过对更高级的整体的贡献来评判，那么，人的最高价值应该是对宇宙的贡献。但我们知道宇宙要我们做什么吗? 我们能怎样为宇宙做贡献?

(3) 如果宇宙的要求人类不可知，或者宇宙根本就是个没啥想法的"非生命体"，那我们做人的意义不就瞬间"黑暗"了? 人世间说的该怎么做人的那一套套"东东"，不就是些骗人的玩意？

你的提问环环相扣，很给力！不过不少读者看到这里，一定会觉得这个推论非常"黑暗"：人生的意义和价值原来是个窟窿，里面装满了虚无，小心脏不由得怕怕！

好！现在轮到我，万能的人生导师来一一解答，让各位的心脏归位。

问题一　立己与立人

每个人的个体价值为什么要通过对群体的贡献来评判？

关于个体价值，我以为个体的第一价值在于自我认识，而不是跳过自我认识谈什么社会贡献。人的首要优势就是关于"我"这一概念的确立，我们都知道自己是"一个个"有血有肉的、情感丰满的"个体"，而不是其他什么模糊不清的物质。

五四新文化运动以来，我们建立了这样一个共识，就是鲁迅先生说的"立人"，要求社会和我们自身都尊重和建立个体意识。如今，公民社会的个人权利被法律保护，这也正是中国社会发展和奋斗的方向。否认或者过分忽略个体的第一价值而强调群体贡献，我觉得是不合时宜的。

当然，个人最终还是要通过与他人、与社会的互动、互助、互利来获得更高级别的价值满足。完全孤立的自我是偏颇的，很难证明他的人生价值究竟有多高。这个你可以查看一下 20 世纪美国心理学家马斯洛的"需要层次理论"，他将人的需要分为五个层次，认为人的需要是分层次加以实现的，由低到高分别是：生理需求、安全需求、社交需求、尊重需求、自我实现需求。越往上走，越要依赖与他人和社会的关系才能获得。

所以，如果换我教哲学，我会说：一个人的价值在于创造价值。创造的价值要综合个人的自我发现、自我完成、自我提升，以及自我为社会、为他人做出的贡献来评价。自我世界的完善创造了人类生命的内在价值，为社会、为他人的贡献创造了人类生命的外在价值。这两种价值是相互关联的，前者的存在将为后者建立一个良好的人性基础。

回答到这里，我好像局部地破解了你的第一个问题。但人的价值仍然跟更高级的整体有关，所以我得接着回答第二个问题。

问题二　善的传递

如果每个人的个体价值要通过对更高级的整体的贡献来评判，那么，人的最高价值应该是对宇宙的贡献。但我们知道宇宙要我们做什么吗？我们能怎样为宇宙做贡献？

我们为什么要对更高级的整体负责呢？很简单，我们虽然是一个个的单体，但无数的单体不可能独活，他们互有"关系"。

正如那个名为"善的传递"的著名公益广告：

一个学生摔倒了，一位修理工扶起了他→学生看到路边的老太太掉了东西，便帮她捡起并扶她过马路→老太太看到路边停车的女子似乎没有零钱，将手中的硬币递给她……最后，我们看到的是一家咖啡店的服务生倒了一杯水，递给正在辛苦工作的曾帮助过学生的修理工。

这个三分钟的公益广告很好地说明了我们每个个体与他人、与社会最基本的血脉相连。由此类推，人和自然有关系，人和宇宙也有关系，关系链都可以如上面这个公益广告一般描绘出来。所有的物理、化学、地理、生物、历史、文学、数学……归根结底也都是有联系的。科学的证明、哲学的思辨、文学的想象，目的都是要探索从"个体"到"宇宙"的种种存在者的关系，关系研究得越清楚、越透彻，人生意义的版图就越明朗，你的自我认识和外在贡献就更靠谱。这也就是人类那么多最智慧的头脑一直在做的工作，也就是我们学习这些学科知识的意义所在——你不会真以为人类忙忙碌碌的事业本身毫无目的、毫无意义、毫无出路，就是一代代人在傻转悠和乱忽悠吧？你不相信教科书，不相信我，这都没关系，但还是可以相信牛顿、爱因斯坦、霍金，喜爱老庄、莎士比亚、罗素的。

"从宇宙看人生"，无疑，你的这次思考和提问已经触及了人类认知中最高级的整体存在，恭喜恭喜！固然，人类依然在探索宇宙奥秘的边缘处寻寻觅觅，还未知究竟，但你要知道，宇宙每天都在影响我们，我们本身就生活在宇宙之中。恰如著名的"蝴蝶效应"：一只蝴蝶在巴西轻拍翅膀，可以导致一个月后美国得克萨斯州的一场龙卷风。个体的每一个举动，都可能对他人、社会、自然、宇宙产生意想不到但真实存在的影响。举一个负面的例子：当下中国的雾霾天气"闻名世界"，每一辆家用汽车的尾气排放都在为它做出"贡献"，而长期的地球雾霾说不定正影响着太阳系中生态的某些改变……

问题三　宇宙是静默的谜题
需充满希望的敬畏

如果宇宙的要求人类不可知，或者宇宙根本就是个没啥想法的"非生命体"，那我们做人的意义不就瞬间"黑暗"了？

在回答这个问题之前，我得先攻谬。你在信中拿"一

支笔"比喻"宇宙",这显然是错误的。理由有二:

第一,我们思考的对象——宇宙——是一个生命体的集合,不是一个"非生命体"。

第二,我们探讨的对象"人的价值",并不仅仅限定于已知的世俗承认的价值,那样就狭隘了,没有为科学和哲学的未来进展留出余地。

这就好比一个高中生说他目前的学习都是为了高考有个好分数,从而推定别人的学习、研究也都是为了功名利益。这难免坐井窥天,要知道人类很多学习、研究的最终目的是人类进步和探知未来世界。虽然我们目前还不了解宇宙的奥秘即人类存在的全部意义图景,但就此做出宇宙静默所以人类的追索毫无意义的判断,是从立论到结论都错位的说法。

我想你其实也并不希望我的结论跟你的推论一样,是眼前一黑;你希望我说出面对宇宙的静默,面对那些科学称之为"原子"的东西,我们到底是在与谁交流,为谁实现自身价值。而我的反问恰恰是,你难道没有感觉到已知的科学告诉我们的这些"原子"有着如此精妙的结构和运动规律?它的设计者是谁?创造者是谁?我们和它们共同的"父母"是谁?宗教所说的"上帝"以何种方式存在于何处?这些猜想不是失望,我感觉都是希望。

回到我们的现实生活，大多数人应该就此明白，个体独立但不孤立；我们生活在关系当中，请认真思考这些关系，尊重自己的同时也选择尊重他人、社会、自然和宇宙，而非狂妄肆意地违逆、玷污这些关系之间的和谐共处——这是一个成熟、智慧的当代人的文明程度的表现。

再次感谢你，无名氏，让我们讨论这么牛而又经典的话题。

—— *Tips* ——

▲一个人的价值在于创造价值

▲宇宙每天都在影响我们，我们生活在宇宙中

▲个体独立但不孤立，尊重他人、社会、自然和宇宙，这是一个成熟、智慧的当代人文明程度的表现

今天推荐一部美国科幻电视剧《触摸未来》（Touch）。Martin Bohm 有一个 11 岁的儿子 Jake。Jake 有严重的自闭症，不过 Martin 还是想尽办法和他沟通。尽管沟通十分不顺利，但是 Martin 发现儿子的行为能将一些没有关系的事件联系起来并预知未来……

尽管你与某些人毫不相关，但你们的命运会相互交叉，甚至相互影响，人与人之间存在"内部关联性"——这就是这部电视剧的主题设定，这种关于世界关系的说法与我的想法非常相似，虽然我对剧中不断提起的斐波那契数列并不太了解，但当我开始看这部电视剧时，依然禁不住兴奋。推荐给大家!

CHAPTER
05

男生不可怕
Boys are not scary

如今回想少年时候，对于生活中某些难题的逃避可能成了我一生的缺点。虽然人生不必过于求全责备，不过如果你犹豫是绕过去还是迎接它，我建议不妨趁年轻迎接挑战。对于乐观和自信的养成，任何难题只不过是试金石而已。

Hello，夏烈！曾经在杂志上看见有同学向你诉说自己脸大的苦恼（《摘不下的帽子》），这给了我一点勇气，犹豫再三，还是决定把自己的烦恼说与你听……

我在一所普通高中读书。别人眼中的我，应该是一个再平凡不过的、有些胖的、内向的女孩。也许班上的女生会觉得我还挺幽默风趣的，但是男生们一定不这么想。我无意间听到过男生们对我的评价，他们觉得我是个"奇怪的胖女人"。

对于这样的评价，我无法否认。因为我不愿意与男生有交集，在班里总是避开与男生接触，尽量少与他们说话，他们觉得我"奇怪"也不出奇。我对男生有强烈的恐惧感，与他们近距离说话时，我不敢看对方的眼睛，讲话也会变得结结巴巴，甚至手脚发抖、冷汗直冒……

在家，我有一个弟弟。爸爸重男轻女，从小到大，他总是把弟弟的错怪到我的头上，对我又打又骂。爸爸性格暴躁，弟弟又蛮横无理，可能就是这样，让我变得害怕与异性有接触。现在，我越来越担心以后走上社会自己会无所适从……

小葵

小葵，你好！

感谢你一直阅读我的专栏，并基于信任告诉我你的困惑。

也许你的情况在心理学上会有比较专业的说法，不过，我只是你们一个年长的朋友，只能也只想用聊天的方式和你探讨一下目前的状况。我觉得很多问题无法解决只是由于缺乏及时的交流以及可交流的对象，如果找到了合适的人早早地商量，问题就不是问题——这句话说给所有喜欢这个专栏、心有困惑的年轻朋友听。希望我们之间这种不见面的交流，能够帮助你们，鼓励你们，提升你们，伴随你们度过自立之前的关键几年。

在家：据理力争与隐忍自保交替使用

小葵，你的来信中提到了学校和家庭两个场景。正如你自己所分析的，家庭的影响是更本源性的，是它让你变得"害怕与异性有接触"。

我在过去给其他同学的一些回信中提到过这样两点：

（1）父母和家庭并非我们能够选择的。我们固然可以想方设法与他们沟通或者通过其他长辈为自己说话，但上一代人的性格、行事方式常常很难凭借我们的一己之力改造。

（2）如果父母和家庭对自己的性格和前途产生负面影响，这时必须清醒地意识到，我们超越他们、依靠自己完全是必要的也是可能的。

我想，这些建议并未过时，依旧可以指引你由此开始思考、规划自己的人生，至少，让自己摆脱心理上的弱势，获得积极快乐的感觉。

目前你在家，可以把据理力争和隐忍自保适当地交替使用。从生活的经验中可以发现，一味软弱和一味刚强都是不利的。如果性格暴躁的父亲总把蛮横无理的弟弟的错怪罪到你的头上，你是可以爆发一下的，在纵情哭泣的时候反问父亲：不是我的错，为什么要我承担？我也是你的孩子，是一个需要父母疼爱和保护的人！如果父亲还能体谅你的心，他会收敛一点；如果他更加暴躁、变本加厉，建议你保护好自己，不要直接用言语刺激他，而是隐忍自保在先，然后尽量通过母亲和其他长辈去讲道理。

从你描述的情况中，我猜你应该生活在小城镇或者乡村，重男轻女和情感的粗粝是中国传统乡土人格的一个特点。像你父亲一样的人，他们的性格、人生基本已经定型。你可以想想怎样的孩子在他们心目中是优秀的，是他们不敢蔑视的——是成绩好吗？如果是，你就好好学习，这总归对你有利，有一天可以帮你插上翅膀转换环境。我们只有飞得更高，才能以从容宽阔的心态看待他们，看待自己的过去。

在学校：原谅不了解情况的随口说说

接下来的重点是关于你和男性的相处关系。家庭中的男性给你带来了心理上的阴影，不过我很负责地告诉你，他们不代表男性的全部，甚至真的只是男性的一小部分。你仔细想想生活中遇到的其他男性，是不是有温暖和善的、帅气可爱的、真诚有礼的？即使是你在小说或影视剧中看到的，虽然免不了有虚构美化的成分，但相信总有令你感到快乐舒心的男性角色。所以，一个显而易见的结论是，不能以家庭中的问题男性以偏概全，积极乐观地相信生活中总是好男性更多，才是你缓解异性恐惧的良药。当你具备了或者说恢复了正常的心态之后，你才有可能自然而然地融入同学中，开始与异性的交往。

你可能会问，他们已经视我为"奇怪的胖女人"，这岂不是非常不友好的标志？我有什么理由跟给我取如此绰号的男生调和矛盾？这样的想法毫无必要。没有人会像我今天这样，因为你的来信而知道你家里的情况，知道父亲的暴躁和弟弟的蛮横让你慢慢变得恐惧男性。很多时候，即便是同学也没有责任和义务来主动了解你的心情，耐心地帮助你走出困境。孔子说："人不知而不愠，不亦君子乎？"可见，人在不了解别人的情况之下做出的判断是可

寻找美才是人类的天性，

这件事比寻找真和善都来得本能。

为美而忧伤同样是一种美。

寻找适合自己的美吧，

因为我们还要依赖她

获得自信、快乐、阳光般的心情，

乃至抵抗风雨的勇气。

以原谅的，原谅不了解情况的随口说说是人际交往中很重要的一件事。

面对异性：循序渐进地自我调整

剔除了这些心理障碍，你最后要面对的是，你在与男生交流的时候生理上会出现一些症状：不敢看对方的眼睛，讲话也会变得结结巴巴，甚至手脚发抖、冷汗直冒。这可能要跟心理医生聊聊，好的心理医生会通过各种方式逐步改善你与异性接触时的表现。不过我们的很多家长并不认为孩子有这种需要，而且如果你确实生活在小城镇，可能也不具备这样的条件。那么，我就给出一些循序渐进的自我调整的方法，你试试：

（1）尝试朗诵。比如念小说和戏剧中的人物对白，假想自己分别扮演男女主角，把对白大声说出来。这个办法首先可以鼓励和锻炼你开口说话以及勇于表现的能力。

（2）因为你跟班里的女生相处得还好，那么建议你和别的女生一起跟男生交流，作为群体聊天中的一员，偶尔表达自己的意见，慢慢适应有男生在场的对话。一开始，你会怯于插嘴，感觉自己像个局外人，或者说话很拘谨，如果有这样的状况，默默跟自己说："不要这样想，我这样消极不好，我已经有进步了，大家一起相处就是好事，先倾听，慢慢我会发表意见的……"

（3）与有耐心、为人和善的男性说话，包括老师、长辈。遇到合适的有修养的师长，还可以把写给我的信中的内容也跟他们说说，相信他们会出出点子，帮助你摆脱对男性的恐惧。

（4）减减肥。你不要以为这个跟异性恐惧没关系。我看你几处提到自己"胖"，男生也确实在评价你的时候提到"胖"。你那么年轻，通过运动减肥肯定有效，关键这同样能带给你自信，并缓解你内心的焦虑。

还是那个落俗套的比喻，蝴蝶都是毛毛虫蜕变的。你要是相信自己是美丽的，并且能够展翅高飞，那么就从现在开始接受蜕变的磨砺。我期待你变得开朗、自信、快乐！

—— *Tips* ——

▲一味软弱和一味刚强都是不利的，应该把据理力争和隐忍自保适当地交替使用

▲学会原谅那些不了解情况随口说说的人，是人际交往上很重要的一件事

今天推荐电影《国王的演讲》。这部在2011年横扫奥斯卡金像奖的影片，内容无须我再多言——父亲离世，兄长退位，自小口吃的约克郡公爵伯蒂临危受命成为英国国王乔治六世。"二战"爆发，为了激励人心，他克服口吃的毛病，通过广播发表了一篇鼓舞人心的演讲。

即使是王子也有来自家庭的"阴影"——伯蒂面对的是强权的父亲、任性的哥哥。从童年起，他被父亲凶狠纠正，被哥哥冷酷嘲笑，这一切使他的口吃日益严重。整部影片细致入微地表现了伯蒂是如何在内心的矛盾和巨大的压力下勇敢努力，逐步战胜自己、战胜困难的。看完影片，会有一股正能量注入体内：破茧成蝶需要勇气和毅力，口吃的国王能做到，我为什么不能？

CHAPTER
06
COME ON! 篮球少年
Come on, basketball boy!

　　陪伴大家已经三年了，相信最早的读者已经成长，已经毕业，正在逐步实现着自己的梦想。然而我呢？似乎不够努力啊！人生的节奏未必要很紧张，不过第一终究要有梦想，第二终究要去履行。为此，记得给自己留时间哦。

Hello，夏烈！

我是一名普通中学的高一学生，学习成绩不太好，喜欢运动，特别是打篮球。在学校里，我是篮球队的主力队员。

但是，不久前训练时，我伤到了腿。跑了好几家医院，医生都说伤及韧带，建议我不要参加剧烈运动。这就意味着我必须离开自己非常喜欢的篮球运动了。高中联赛马上就要开始了，这个时候发生这样的事，我根本无法接受！

现在，看到队友们在操场上跑跳、投篮，我的心里五味杂陈，有羡慕，也有恼火，甚至一度希望少了我他们千万别得什么好成绩。心烦的我对学习一点也提不起兴趣，成绩差到不能再差。父母、老师一开始还安慰我、开导我，看到我的成绩越来越差，人也无精打采，他们也拿我没辙了。

我也不知道我现在该做些什么，能做些什么，一天一天得过且过……

小武

小武，你好！

你还在读高一，篮球也许是你第一个重要的梦想，这让我想起了我的表弟。记得表弟在高三毕业前夕跟家里人讨论将来学什么、做什么，那时候他很茫然，却天真地跟我讲，他想打篮球，他觉得自己有打篮球的天赋和热情。不过家长的意见却是打篮球是不务正业，将来肯定"吃不开"！当时他把求援的目光投向我，我摆出专家的样子说了一点：你到高三才想到走职业篮球这条路，太晚了，现实一点吧！后来，我表弟开了一家奶茶店，日子过得安稳平淡，再也没有提起他的篮球梦。

不过，打篮球成为高一的你的梦想，应该是认真的、切实的。你已经是校篮球队的主力队员了，只不过，本来就快高中联赛了，偏偏这时候受了伤。对此遭遇，我深表同情和遗憾。这也是人生路上的一个挫折呢，好像怪不了谁，也相信任谁都不愿意这样的事发生在自己身上，我把这样的事叫作"命运"。

命 运

先说你身体的问题吧。这是一次运动伤，身体跟你开了个不大不小的玩笑，但已经开了，你不能拿它怎样。

想想刘翔吧。2004 年，他在雅典奥运会上以 12.91 秒的成绩平了保持 11 年的世界纪录；2006 年，在瑞士洛桑田径超级大奖赛中，他又以 12.88 秒的成绩打破了保持 13 年的世界纪录。可以说，刘翔是中国田径运动史上的里程碑式人物。但因为运动伤，2008 年，他"倒"在了家门口的北京奥运会上。2012 年伦敦奥运会上，他更是因为单脚跳过终点而成为一时的热门话题。无论今天大众对他是褒还是贬，世事是温暖还是无情，他基本结束了竞技体育生涯，原因就是身体，或者说是——命运，跟他开了一个玩笑。

你与刘翔自然还有很大的距离，所以我想刘翔的痛苦应该比你大得多，但生活还得继续。

对了，还有桑兰，我清楚地记得 1998 年她在美国参加友好运动会，在跳马项目的赛前训练中摔成了高位截瘫。十多年过去了，她成了顽强、美好的象征，但也还是有很多不尽如人意，仔细看看她的一些新闻就能发现。所以，有时候运动伤来得早一点也不全是坏事，它警告你此路不通，你要奔向别的前途。如果这警告来得太迟，命运的痛苦就要大得多。你懂吗？

那么，我能说的第一点忠告是，各位喜欢运动、热爱体育的年轻人，在你们的体魄日益健康强壮的同时，千万注意运动安全，尽量选择有完善安全保障的运动场所，尽量注意劳逸结合，尽量在运动伤痛之后及时就医，积极参加复健活动。

学会接受这些不可逆的事实

再来谈谈你的心理问题吧。"我根本无法接受""人也无精打采""我也不知道我现在该做些什么，能做些什么，一天一天得过且过"——这种沦陷于沮丧状态、无法接受命运来临的情绪强烈地左右着你的正常人生，不过，这显然不是不可以救治的，因为你还知道写信来我的专栏，那就是说你还有渴望恢复、期待出路的心。古人说"哀莫大于心死"，心不死，就有救。那么：

（1）这根本不是你能不能接受的问题了，通常面对意外，我们要健全自己的心智，学会接受这些不可逆的事实。

面对现状，只有两件事是可以马上着手的：一是看看篮球以外还有哪些事能让自己"站起来"；二是积极配合康复治疗，哪怕真的没有希望重上球场，也要尽量修复受伤的部位，不要让它成为身体和未来岁月的累赘。再说，就算以后不能把篮球当作职业，你依然可以把它当兴趣呀，上场玩一下我想应该是可以的。

（2）成绩差不能拿篮球做幌子，这是逃避。

从来信可以看出，你心里的一个忧患在于成绩，开头就先申明自己"成绩不太好"，之后没法打篮球了，你又说对学习没有一点兴趣，"成绩差到不能再差"。

很多体育特长生成绩不太好，但学校并不以成绩高低来评价他们，考大学时也能凭借体育方面的优势以"优惠"的分数进入高等院校。你是体育特长生吗？如果是，好好养伤，康复以后重回球场，你还可以继续享受这样的"优惠"。只不过，即便是体育特长生，如果成绩"差到不能再差"，要进入一流大学也是比较困难的，你多少还是要努力一些，让成绩回到原有的水平。

如果你不是体育特长生，或者医生说的"不要参加剧烈运动"指的是"永远都不要"，意味着你今后可能无法享受体育特长生的"优惠"了，那么学习更不是你可以不管不顾的对象。现在有更多的时间和精力了，你应该在这方面开始努力。如果你的心情逐渐平复，却还是不把时间和精力投入学习，我就可以彻彻底底地确认，你是有"厌学症"的孩子，本来就害怕学习。你不想我这么看你吧？你不想在离开球场之后又在学习的竞技场上落后于人吧？

（3）你有很多事情可以做，因为青春是最有事情可做的一段人生。

撇开自己的命运，客观地想想人生，看看别人的作为，你应该能发现这一点。有人把青春放在学习上，有人把青春放在社团活动上，有人把青春放在阅读和音乐上，有人把青春放在初恋上……只要选择有益一点的事情去做，我实在不觉得无事可干呀。所以，你得问问自己是否把人生过得太"窄"了？

我也发现身边的青少年有这样一个问题，他们忙忙碌碌的东西都是父母填鸭式的安排，几乎没有他们自己挑选的，问及他们究竟喜欢什么、乐意做什么，个个一脸茫然和沮丧。这是因为"被怎样"太多了，就不知道自己真正的梦想和方向。而其实，青春是最有事情可做的一个季节，从宇宙到脚下，好多好多的事物等待着你去发现、去关注、去关心，哪怕看星星、看草木的萌芽，都能积累出一桩了不起的事。

既然你心情不好，我建议你抽空去旅行几天，跟着阳光、鲜花延伸自己的足迹，在放松心情的同时发现世界各种各样奇妙的事物。不要抱怨，也不要逃避；认识自己，也认识命运。从什么时候、从哪里起步其实都不晚，关键是你再一次站起来，奔跑在人生的球场里。Come on，篮球少年! 人生的任何一个舞台都可以是你喜爱的篮球场，你选择上场才有可能成为真正的主力!

预祝你成功!

—— *Tips* ——

▲青春永远不会无事可做
▲健全我们的心智，学会接受那些不可逆转的事实

　　小武的篮球梦勾起了我对《灌篮高手》的回忆，相信很多年轻的篮球迷都对这部动画片充满回忆吧。我记得我是和喜欢篮球的表弟一起看完它的，之后由于从事过动漫学院的工作，就重新收藏了井上雄彦的漫画书。

　　青春的激情飞扬不可遏制地出现在每一代年轻人的体魄中，用篮球来表达自己的身体和心灵真是一桩美妙的事。即便我们此后的生活跟篮球无关，跟动漫无关，跟樱木花道和流川枫无关，都不妨碍我们回忆或者欣赏这样一种生命的阶段与境界。

　　要懂得在放弃中保留爱，要懂得在爱的坚守中保留真心真意。那么，我们做什么工作、过什么生活又有什么可害怕的呢？

PART FIVE

同窗

恰同学少年

CHAPTER
01

为什么针对我

Why do pick on me?

　　我出生时 80 岁，然后倒着活，这样就越来越年轻。生命的状态，有一种如老子所说："复归于婴儿。"——婴儿不被世界的常理所迷惑，看什么都新鲜欲滴，重视自己的体验。这就好比外星来客，看这世界有陌生的欢喜。

Hello，夏烈！我觉得班里有个男生一直针对我。比如今天的英语课上，老师叫我回答问题，他就在边上发出怪叫声，像是在嘲笑我。不只是上课，其他时候，比如在我和同学聊天时，他也会不时发出"嘘""哎"这样的怪声，或者故意笑得特别大声。如果我向他提出"抗议"，表示不满，他就会表现出一副鄙视我、讨厌我的样子。我不知道为什么会这样，我就让他这么难以忍受？

高一的时候，我和这个男生是同桌，但有一天他突然自己搬到后面，和别的男生一起坐了。起初，我特别想搞明白是什么让他开始讨厌我，忍受不了和我同桌，现在想想，估计他觉得自己这样做很有个性、很另类吧，其实恶心死了。

不过无所谓他到底怎么看我了，因为现在我也非常讨厌他，看到就反感。有时候，他什么事都没做，我也会看他不爽。人人都说"眼不见为净"，可我们在一个班上，我没办法做到无视他的存在呀。其实我并不在乎能否和他言归于好，就是想知道怎么才能让自己不那么添堵。

西西

被你的问题难倒了

西西，说实话，你这个问题真叫我为难。从你的名字我猜想，你是女生？然后，我就想给你打个电话了。因为我本该问更多的细节才能掌握情况——我得知道他突然换位置的时候到底发生了什么事，我得知道这家伙平时对别人是怎么样的：我是说，他是性格有点"小意外"，还是"正常"到只对你一个人来这一套？

不过同时我也被你的描述逗乐了。我不希望你认为我是个幸灾乐祸、没有同情心的大叔，跟你那个男同学一样的德行——那可能会糟糕到让你问，男人都怎么了？——开个玩笑! 我其实是想说，你的文字很像小说的一部分，因为只有小说才那么突出人物形象和行为特征，并隐藏更多来龙去脉在冰山底下。

他这么做的原因有两种可能

言归正传。根据目前的材料分析，那个男生如此行为的原因有两种可能。材料着实有限，如果分析不靠谱，你可不能怪我啊!

可能性一：我认为他其实喜欢你。这不会吓到你吧？不过他的行为的确是男生喜欢女生的一种表达方式，目的

185

是吸引对方的注意，让对方气他、恨他。很"虐"吧？其实这再正常不过了。我读高中时，班上的一个男同学喜欢上了"班花"，于是他每天找她碴，跟她吵吵架、抢抢东西。我观察许久，觉得他简直是无理取闹，不过他倒也乐在其中。你想，每天有点小矛盾不但增多了彼此互动的时间，还让其他同学都知道，他俩是"一对"——很多同学认为他俩关系不好，但我这样的观察者知道，至少男生是喜欢对方的，只是用的策略比较"小男生"，略显不成熟。

如果那男生果真是这样的想法，我也在这里对他喊个话："喜欢女生就好好说、好好处，何况你们还在读书考试的年头，大家不如同学友谊正常相处，和谐万岁先!"

可能性二：他特别自我，不成熟，喜欢作弄人。如果是这样，就特别没劲了。但我们不可能总遇到自己喜欢的人，总有我们不喜欢、与我们格格不入甚至无法缓和关系的人。有些人个性独特一点，宽容对之，或者敬而远之，都可以顺利过关。

推荐你两招解决之道

我知道你已经很烦他了。爽快的解决之道是：

A：你有勇气和良好的心理状态的话，就找他开诚布公地聊一次。就问问，这两年我忍你很久了，你做了不少针对我的稀奇古怪的事儿，我们同学一场，好好跟你聊聊，你心里怎么想的？

B：不想废话的话，直接跟老师沟通一次，要求换个座位，离他远点。但这个方案要慎行，因为这是在不打算了解男生真实想法的基础上简单地了结，有可能刺激到对方貌似放肆不羁其实可能挺敏感的内心。并且如果老师处理不当，把他当作一个问题学生来看待就不合适了。

亲爱的同学，总之最关键的是自己别往心里去。别人给我们添堵是不道德，自己给自己添堵是不值得。换句话说，你感觉"堵"的状态被对方看在眼里，如果他想要的就是这个效果，你岂非着了他的道？

我相信，美好的学生时代，一切皆不至于恶意。未来的某一天你回眸自己的青春年华，也许会为这样一位同学展颜微笑也说不定。祝你快乐！

—— *Tips* ——

▲别人给我们添堵是不道德，而自己给自己添堵是不值得
▲美好的学生时代，一切皆不至于恶意

今天要推荐的是蔡康永的一条微博，或许能给像西西这样正在暗自纠结些什么的同学一点启示：

你永远都有更好的事可做：不喜欢正在读的这篇微博？立刻跳开，去读别的。不喜欢正在看的这集节目？转台，去看别的。不喜欢新交的这个朋友？闪人，去认识别人。请不要浪费生命，去忍受这些不必忍受的事。忍受完，又浪费生命去抱怨或咒骂，这太划不来了。你一定有更好的事可做的。

CHAPTER

02

走出孤独

Walk out of loneliness

　　成长如蜕。但不是每一只蛹、每一颗茧都能羽化。缩在自己的小世界里看似舒适，最终多半会在缺陷里被淘汰。那么，不如快乐地走向大世界，有大世界观的人才能守护好自己的小世界!

Hello，夏烈！我是一个内向的女生，成绩还可以，却很少有开心的时候。写信给您，是想向您请教，怎样才能让自己开朗起来。

我出生在一个农村家庭。从小，爸爸妈妈就教我要独立，凡事都要靠自己。也许在小时候，我还有过活泼的状态，但在"独立"的要求下，慢慢地，我养成了不爱说话的性格。

平时，需要我做的事，我会一声不吭地去做好，但不愿与别人有过多言语上的交流。比如，下课时有同学找我聊天，我会觉得很烦，常常是敷衍两句就把他们打发走。我知道这样很不礼貌，但我真的没有心情聊天。有聊天的工夫，还不如埋头做作业呢。晚自修的时候，我认为教室里应该保持绝对的安静，可是偏偏有些同学喜欢讲话。对这些同学，我是很讨厌的，他们自己不爱学习就算了，为什么还要打扰别人呢？

心情差的时候，我干脆闭口不言。上个学期期末考我考得不好，我觉得很对不起父母和老师，就一连好几天都没说话。

小学里，我与同学的交往就不深，不过还算自得其乐。上了初中，偶尔会觉得自己一个人不言不语、闷闷不乐并不好过，但散散步、听听音乐也就过去了。进入高中以后，

190

才发现自己这样不爱说话、不愿与人交流真的不好，只会让自己越来越孤独，可我内心又觉得一个人独处的状态才是最好的。爸爸妈妈让我多和同学、朋友出去玩玩，我却很难改变自己。怎么办？怎么才能走出这种矛盾的心理，让自己开心一点？

秋的半夏

秋的半夏，你好！

这个落款似乎透露了不少主人的信息：一方面，你内心有些小文艺；另一方面，你的心情正处在矛盾交锋中：身已入秋，心绪半夏，冷热未匀。

我颇喜欢你信中讲自己从小学到初中再到高中，面对独处这件事的心情变化的文字，写得挺好，真实可感。随着年龄和学历的增长，你越来越感受到不与人交流导致的"孤独"，不变的是你一直独处，并似乎一直适合独处。冰冻三尺，非一日之寒，你说的问题是个陈年"旧伤"。对此，我讲点经验，供你参考。

自我、独立和孤独

我想用数字和符号来说明我们每个人成长的必由之

路，那就是：1→2→3。要怎么理解这个"1→2→3"呢？

人都是从"1"开始的。单数"1"意味着自我、独立和孤独。当我们开始有"我"这一认识的时候，就是"1"的开始。这是值得欣喜的，因为人的智慧开始于"自我"的觉醒。"人"字下面加个"1"，是"个体"的"个"，归根结底人要一个个生存，是一个个不同的存在。

落实到你的成长故事里，小时候父母要求你"独立""凡事要靠自己"，这本身并没有错。独立，是我们作为"自我"与"个体"能有尊严地活着的关键；独立，是一种正面的力量。

与独立相对的，是"依赖"。依赖是一种人之常情，子女对于父母，多少都有些依赖，越是幼小，越希望依赖。依赖使人有安全感，能够有所依赖是幸福和愉悦的。

从你的叙述中，我感觉到少年时期的你，可能"依赖"被减少了，因为家庭的缘故，"依赖"与"独立"的比例有些失衡。这情形有点像过去说的"穷人的孩子早当家"，结果是这孩子会形成一种硬朗的作风，至少表面坚强、克制，孤身承担责任。

然而，自我、独立的获得和孤独感的到来恰如一枚硬币的正反两面，想不要哪一面都不可能，根本没的选。你因为被较早、较多地要求"靠自己"，依赖感被压抑了，孤独感便加倍到来。你说你会一声不吭地把事情做好，但不愿与人有过多言语上的交流；下课时，你根本没有心情和同学聊天，这些都是过度的"独立"压抑了人性柔软、温暖、脆弱的一面导致的。这种压抑破坏了性格成长的"生态平衡"，就好像草原上都是猛兽而没有弱小的动物的话，根本不能形成完善的食物链和可持续的生态环境。

从这点来说，你的父母和你自己在你自我与个体成长的早期对于"1"的养成有些偏颇，性格的根系显得不自然、不放松。

人与人、个体与个体一对一的相处和相容

于是你的问题便出现在了"2"和"3"的阶段。"2"是指人与人、个体与个体一对一的相处和相容。青少年时期的朋友关系、成人阶段的伴侣关系等，都是最基本的"2"的关系。

"下课时有同学找我聊天，我会觉得很烦"，这是当你面对另一个个体时的心态。聊天是两个人相识、相知的必要条件。世上也许存在两个人相遇不用怎么说话就能互为知己的事，比如伯牙与子期，但这是特例。几乎所有的朋友在交往中都需要对话，否则无法深入了解对方。

你在"2"开始时就抑制了其发展的可能，让自己停

留在"1"的状态"自给自足"，否定"2"和"3"的美好与必要。究其原因，是你的这个"1"太僵硬、太固执，害怕打开自己，缺乏与人交往的安全感——面对考试、书本、音乐、运动等非人的物质和活动，操控权在自己，所以觉得很安全；一旦面对活生生的其他个体，不安全感和操控的弱势马上出现。于是你将这种不安全感转嫁，说别人"无聊""不安静"，为封闭自我找借口。

亲，我想你现在也体会到了，有朋友的乐趣是孤独的自我享受无法替代的，人成长的正常逻辑正是从"1"向"2""3"迈进。虽然现代社会越来越认可每个人的生活选择，但"2"所象征的朋友关系、伴侣关系还是不可或缺的。没有朋友、没有伴侣，生命的真谛、乐趣都将失去最宝贵的部分。

人与多人、与社会的关系

最后是"3"，我用它表示一个人与多人、与社会的关系。在现代社会里，有时一个人在工作、生活中可以缩减直面他人的次数，比如 SOHO 一族。不过即使是 SOHO，谋生必需的人际关系也通常大大超过 3 个吧。并且，多了解一点社会，最终有益于你的作品、产品和事业的成功。

鉴于人类这样的成长和生活模式，你现在意识到应该迈出一步，去改善交际能力，值得恭喜！至于方法，跟父母聊天和交一两个好朋友，是眼前最方便做的事情。

跟父母聊天，你的心理障碍应该最小吧？你的父母显然也意识到了你的问题，说希望你"多和同学、朋友出去玩玩"，那么跟他们把真心话说说，说说自己心里的困惑，告诉他们自己也想改善交际能力，因为随着年龄的增长，融入群体和社会的要求越来越迫切。他们也许能给你一些好的意见和建议，如果没有，至少也体验了聊天的感觉。

然后，请一定珍惜来找你聊天、邀请你参加活动的同学，甚至是向你表达善意的男生，你们的交往将从此开始。有了好朋友，就有了共同分担烦忧的人，你长期紧张的心绪也会慢慢放下，恢复正常的张力。此外，你还可以通过参加社团活动、演讲等方式来改善自己。

这改变立足于你能否真正明白从"1"走向"2""3"的意义和必然，你的观念系统能否就此改善，发现自己过去认识中的种种谬误。

比如你认为聊天是一件无聊的事，是在浪费时间和生命，而正确的认识是：无节制的聊天才是对时间和生命的浪费，恰当而有趣的聊天则增加人的幸福感，有利于扩大信息量、提高思辨力。又比如，你说自己喜欢一声不吭地做好需要做的事，我反问一句，如果是一项需要多人协作才能完成的工作，你一个人真的能做"好"？甚至关于你批评得很有道理的晚自修问题，换个角度考虑：如果有同学讲话影响别人，我们如何发挥个体的主动性和适应性去改善它？我们既可以迎难而上，跟这种现象做智慧的斗争，通过老师和班干部矫正晚自修的风气，也可以修炼耐性和注意力，减小讲话声对自己的干扰。

所以，现在的你，要调整观念，放松身心，多尝试依赖师友。不要怕出丑，不要怕过程，坚定而坚持地走向"2"和"3"。

—— *Tips* ——

▲人成长的正常逻辑是从"1"向"2""3"迈进

今天推荐台湾女作家龙应台的一本书——《孩子你慢慢来》。这本书讲述的是"拉扯"孩子的事，很多人都觉得龙应台的文章有万丈豪气，读《孩子你慢慢来》却让人惊叹，她的文字也有万丈深情。

书中，作为母亲的龙应台和作为一个独立的人的龙应台有着丰富、激烈的内心冲突：只要把孩子的头放在我胸口，就能使我觉得幸福，可是我也是个需要极大的内在空间的个人……对同学们来说，或许能从中领悟到如何处理人生中"1""2""3"的关系。

CHAPTER
03

友谊的区分度

Learn to distinguish
between genuine friends and false ones

　　我的作家朋友说："在这个世界上，总有一部分人是喜欢我们的，也总有一部分人是不喜欢我们的。我们没有必要谄媚那些不喜欢我们的人，因为无论我们怎么做他们都觉得不好。我们要做的，就是寻找那些理解我们的人，把我们的想法告诉他们，并且一起分享忧伤与痛苦、快乐与幸福！"我非常同意他的话。

Letter1

Hello，夏烈！我觉得我的朋友挺多的，经常在一起说说笑笑很开心。平时做作业，他们一有不会的就会来问我，这时候我总是一个一个耐心地指导。可人不是万能的，我也有弄不懂的问题，也会想向朋友求助。而他们对我的求助总是显得很不耐烦，随便应付我一下，或者干脆让我去问老师。平时，买了好玩的东西，看了好看的电视，听了好听的歌，我都会和他们分享；但是，他们却不一定会和我分享美好的事物。

不是说朋友就应该有问题一起面对，有好东西共同分享吗？我以为问题出在自己身上，但是回想往事，我对他们都很好啊，为什么他们会这样对我？

有人说，不要对一个人太好。因为终有一天你会发现，对一个人好，时间久了，那个人是会习惯的，然后把这一切看作理所应当。其实，本来是可以不计代价、不计回报地对朋友的，但现实总让人心寒。果然，最卑贱不过是感情，最凉不过是人心，我觉得自己好累……

韵汐

Letter2

Hello，夏烈！关于友谊，你有什么看法？我觉得越是看起来十分要好的朋友，带给你的伤痛往往越大。

比如，友谊很难对等。两个人越是要好，便走得越近；走得越近，你付出的就越多，但未必得到同样的回应。最后，只会伤了自己的一腔热情。所以，友谊还是若即若离的好，方让人懂得珍惜。

又比如，要好的两人若同时喜欢上同一样东西，友谊怕是难再续了。如果只是普通的东西倒还好，起码可以谦让。但若是很重要的东西呢？比如爱情。两个非常好的朋友同时爱上了一个人，又该怎么办？如果抢了去，友情便不再；如果谦让，又觉得对自己不公。那么，公平竞争吧，但友谊也很难再如以往一样不带杂质。

唉，友谊是能温暖人心，但有时候还是不要去接受的好。一旦你接受了，就会越陷越深，以后就会伤得越重。我自己就犯下了这样的错，现在，不仅友谊荡然无存，还让自己的心受了伤。

蓝邃儿

韵汐 & 蓝邃儿，你们好!

认真读了二位的来信，因为同是关于友谊，我就一并回答。

我很喜欢二位的信。不是因为我们之间也拥有友谊，而是你们的来信首先满足了我的"文字洁癖主义"——从真情实感出发讲述矛盾的开端和状况，干净朴素，带给我好感；更重要的是，你们已经对此做出了自己的思考，得到了部分人生经验。至于为什么你们对友谊的问题还感到困惑、忧伤，那是因为你们擅于思考又本性善良。对于有善良护佑的年轻人，我想一切都会好起来。回答你们的问题，也是我对善良的尊敬和回报。

人生常有缺憾
偶尔糊涂 快乐长存

仍然拿"文字洁癖主义"做比喻。即便我在文字阅读上有明确的偏好——喜欢干净漂亮的文字，厌恶絮叨粗糙的文字；喜欢文字中有自己的思想、情感、温度，厌恶文字中满是套话、谎话，但我不得不在生活中宽容和忍受事实上的不如人意：一些学生会拿粗糙的、网上拷贝的、看不到自己思想和温度的文字来充当我"文学欣赏"课程的作业；各种场合的会议中有着各种不同的套话、废话……

嗯，我想我在逐渐强大（而不是简单的习惯、麻木），世界并不以某个人的意志为转移，它本身是错综的、包容的，但我仍知道自己喜欢什么，什么是对的什么是错的，什么是美的什么是丑的。

同理，我们与他人的友谊也如此，并不存在一个十全十美的人际关系。我们可以对别人发出善良、友爱的信号，结果可能因为个体的差异、理解的损耗等，得不到等质等量的回馈。我们对此是不是应该首先表示遗憾的理解和明智的释怀？免得因为我们的"洁癖主义"影响到对生活的理解，影响到我们的好胃口和好心情。

所以，我年轻的朋友，如果你们不嫌我老于世故，我建议在执着地纠结于友谊的纯粹和回馈的多寡之前，不妨明白"偶尔的糊涂"是让我们快乐地面对世界的好办法之一，别太"洁癖"噢。

人生中有太多相遇
学会区分朋友与伙伴

我们要思考的第二件关于友谊的事情是，懂得区分朋友与伙伴的不同。

我想起了《堂吉诃德》。神经兮兮地幻想自己是骑士的堂吉诃德和他雇用的农民仆人桑丘·潘萨就是一对旅途上

成长如蜕。

但不是每一只蛹、每一颗茧都能羽化。

缩在自己的小世界里看似舒适，

最终多半会在缺陷里淘汰。

那么，不如快乐地走向大世界，

有大世界观的人才能守护好自己的小世界！

的伙伴，前者雇用了后者，后者为了佣金和糊口成了"骑士"的随从。他们在一起发生了很多好玩可乐的故事，但他俩自始至终其实也不能算朋友。因为他们虽然共历险境，了解了对方，但还是两种全然不同的人。

人生，需要各种各样的伙伴。一些人因为客观环境，尤其是利益相关而在一起，完成利益均沾，因此"利"是伙伴的基础。结束了"利益"的合作，是否还能晋升为朋友，就是一个气味相投、互相喜欢的过程。等到无利可图依旧愿意为伴，我想那才可以确认彼此是真正的朋友。

而真正的好朋友是不会计较付出和回报的多寡的，那不是因为一方是滥好人、脑子进了水，而是因为另一方会很自觉地意识到朋友对他的情谊，而发自内心地有所回馈，绝不过度自私、蒙昧良知。在韵汐的来信中，提到自己会替同学答疑解惑，会与他们分享美好的事物，而他们却没有同样地对待自己。仔细想想，这些同学算朋友还是伙伴呢？

对于伙伴，我们在情感上有所收敛也没有错，大家客客气气，合作愉快也是好的。你们在信中都显示出了因交友受挫而沮丧的情绪，韵汐说"最卑贱不过是感情，最凉不过是人心，我觉得自己好累"，蓝邃儿说"友谊还是若即若离的好"。这如果是你们错认伙伴为挚友，投入的感情太多，有些"表错情"，是不是就没有必要那么沮丧，觉得好心没好报？总之，我们得懂得区分谁真正适合升级成为朋友，并且不奢望周围的人都成为自己的好友，那才是明智的。

朋友之间也不是一成不变的，但我们仍需要友谊

然而即便是朋友关系，在共同前行的路上也并非一成不变。举个时髦的例子，《后宫·甄嬛传》里入宫的"同级生"甄嬛、眉庄和安陵容，一开始互相照应、互相依靠，算得上是朋友，但很快，安陵容离开了这个行列，因为她敏感于自己低微的出身，误解朋友是明哲保身的人，她开始机关算尽，逐渐走向命运的背面。在她们仨的交友过程中，我们可以感受到蓝橙儿说的那些话："越是看起来十分要好的朋友，带给你的伤痛往往越大。""一旦你接受了（友谊），就会越陷越深，以后就会伤得越重。"——所以，朋友之间也不是一成不变的，有的变得更好，有的就变坏，我们都要坦然、淡定地面对，只要你身边还有真的朋友！

也许你会问，为什么身边有真的朋友是我们挽救对友谊的悲观的唯一解药，而不是不交朋友、独善其身呢？这

是客观现实和主观感受决定了的事。

从客观现实上讲，人是社会性动物，我们必然是与他人共存共处的，我们需要朋友来完善我们社会生活的美好健全。

从主观感受上讲，人天生需要被关注、被尊重、被温暖，人高度发达的情感诉求和对美与善的追求都在引领我们获得一种无功利的人际关系：朋友关系。朋友关系的存在能让我们享受到极大的愉悦，充满自我肯定、博爱和奉献精神。

所以，你们虽然经历了一些交友路上的挫折，但这不是你们放弃寻找友谊的借口，相反倒是你们拓宽人生认识、正确省视友谊的契机。如果要为你们寻找友谊支两招，我简单地给几句忠告吧。

第一，友谊不能建立在不平等的基础上，不能是一方默默给予而另一方坐享其成。我们觉得对方可以做朋友，决定接受这种友谊，是要平等的。这个平等既指人格上的平等——互相尊重，也指施受的平等——需要互动。

第二，友谊不是想买就能买。友谊需要共同经历一些、承担一些，时间和事件磨砺下仍然有生命力的友谊比较靠谱、比较恒久。所以，我们不可能有很多挚友，更多的普通朋友只是伙伴。

第三，一般的物质不该动摇朋友的情谊，而是该彼此给予。但面对共同喜欢的人时，是可以公平竞争的，只是切记不能用阴招，那样友谊一定会报复你，因为你为了一件正确的事用了不正确的手段，友谊将会报复你人格的堕落和缺损。

第四，还是要向往和歌颂友谊，因为人生需要正能量。

祝你们获得真切美妙的友谊，愿友谊照亮你们一生的行程，带领你们越走越顺!

—— *Tips* ——

▲不要纠结于友谊的纯粹和回馈的多寡，"偶尔的糊涂"是让我们快乐面对世界的好办法

▲要懂得区别谁真正适合成为朋友，而谁只是学习生活中可以合作的伙伴

▲友谊建立在平等的基础上，且需要时间和经历去磨砺，才能可靠与长久

"当一个人面临危难的时候，如果他平生没有任何可信托的朋友，那么我只能告诉他一句话——他只能自认倒霉了！"英国作家培根曾在他的随笔《论友谊》的最后这样写道。通过这篇文章，他告知我们为何"友谊对人生是不可缺少的"。文章写得非常有智慧，也很有辩才，足以启发中学生认识人生路上的友谊这一件大事。

若你感兴趣，可以读一读包含了《论友谊》的培根随笔集。

CHAPTER
04

我的男闺密

My best male friend

人生的境界本应该是很辽阔的。当我们看到海、看到草原的时候就是，当我们看到宁静的或崇高的作品的时候就是，当我们看到自己的小和别人的小然后微笑着超越的时候也是。

Hello，夏烈！我是个大大咧咧的女生。你知道，有时候女生之间不好说话，但和男生说话就没有那么多顾虑，可以想到什么就说什么，所以很多时候，我更愿意和男孩子打成一片。但是在很多人眼里，男女之间是不存在纯友谊的。

隔壁班的麻子是和我一起长大的小伙伴。小时候我俩就经常抱团打架，长大后，除了一块儿恶作剧，有时候我也会把心里的烦恼跟他说，像是我喜欢上学长了怎么办、考试没考好怎么才能不被老爸老妈"严刑拷打"之类的。他总是会一边骂我"白痴"，一边出着各种馊主意。当然，他也有要我帮忙的时候，比如他在学校惹事了，会要我帮忙瞒住他的爸爸妈妈，或者要我帮忙接近班上的女神。你看，他就是我的"男闺密"。

今年，我们一起考到了这所高中，虽然不在同一个班，但我俩在走廊上碰见了还是会打打闹闹，有什么事也会互相照应一把，周末放假也常常一起回家（我们住得很近）……就因为这样，周围的人总爱拿我们开玩笑。他来找我借书，会被我的同学起哄，我去他们班找他也一样。

前几天，我被班主任叫去谈话，她让我不要和别班的男孩子来往太密切。我当然知道班主任说的就是麻子，可是，他只是我的"男闺密"啊！我解释了，可班主任只是说：总之注意一下。

我不想就此疏远麻子，因为我们之间光明磊落，不需要刻意避开。但是，同学们的起哄、老师的怀疑真的让我很难受。为什么？在我看来纯净如水的友谊，在别人眼里，却成了早恋，这究竟是为什么？

抹茶大王

抹茶大王吉祥!

好霸气的署名。虽然抹茶很清雅。

既然是大王，有点大大咧咧很正常；有那么多大事情要处理，拘泥小节岂不浪费生命？从人生大义来讲，那些婆婆妈妈、鸡零狗碎的人和事都是浮云，还亏得他们每时每刻都在计较，活得小肚鸡肠。

你读过《逍遥游》吗？"北冥有鱼，其名为鲲。鲲之大，不知其几千里也。化而为鸟，其名为鹏。鹏之背，不知其几千里也。怒而飞，其翼若垂天之云。"说这个鲲鹏大得不像话，它一飞，光翅膀就像天边密集的云层。它要迁徙，却被知了和小鸠取笑，说你这个傻瓜，干吗要飞九万里去南海呢？所以庄子说："小知不及大知，小年不及大年。"——小智不能了解大智，寿命短的不能了解寿命长的。

举这个例子是想告诉你：像我们这样自封为大王的人物，总要领略来自知了和小鸠的取笑，反正我们有鲲鹏之志。此正如李商隐诗云："不知腐鼠成滋味，猜意鹓雏竟未休。"不过也正如王安石诗云："不畏浮云遮望眼，自缘身在最高层。"所以，大王，加油!

先掉个书袋，一方面是古代的文学艺术真有意思，可以让我们学习、体味；另一方面，请你放松情绪、笑对现实，古来皆如此，不独我困惑。

从你的来信看，我想有几个问题我们可以聊聊。

男女之间不存在纯友谊吗

事实上是存在的，而大家不相信它的存在是因为男女纯友谊的比例相对不高。社会中的男女关系，最常见的自然是为恋爱和婚姻走到一起，从两性关系总量来讲，这无疑是大头，是主流，是常态。

说婚恋男女是常态并不是说纯友谊男女是变态，他们也是常态，是人类关系的基本模式。很多人不相信男女有纯友谊，是因为现实中如果没有婚恋的可能，很多男女就不会选择相识、相知，他们宁愿独处，不太看好或者不太在乎异性间的纯友谊。也就是说，很多男女归根结底是非

A 即 B 的两性关系选择模式，要么在一起，要么没关系。这样生活比较简洁，也没有错，但却可能错过一些重要的人生信息和可能性。

此外，男女纯友谊也很难经受时间的考验。比如说一对在读书求学阶段非常"哥们""闺密"的异性朋友，等到各自飞赴不同的城市乃至国度工作，尤其是结婚、生子之后，联系通常会减少甚至中断。不同时间节点交给我们每个人的人生功课似乎真的很不同，过去十来年可能是两个异性朋友一起痛并快乐着的岁月，但接着的十年却要把你们各自交付给别的时空和异性，很难说进入下一阶段了还能保留着上一阶段的友谊。

剔除了上述几种情况之后，就留下了一些常态的纯友谊模式，他们之间因为太熟悉所以没有性憧憬，他们之间因为如亲人般亲近所以没有婚恋感，他们之间保留良好的沟通默契，但把另一份依赖给了各自的另一半。这样，即便因为时间的推移联系会有所减少，但彼此还能顺利沟通、互相帮助、友谊长存，甚至把这种友谊扩展为两组家庭的友谊。

当然，柏拉图式的精神恋爱也被一些人称作"纯友谊"，但实际上它是爱情的一种模式，讲究男女平等、摒弃肉体、注重精神、无私付出，这种精神的链接更加隐秘深邃，跟你所说的纯友谊无关。

就此我以为，纯友谊是有的。只要相信它存在，并且双方都是明白人，把握好尺度，甚至可以慢慢将它扩展为家庭间的友谊，最后即便淡下去，即便客观上联系不便，也都顺其自然。这样就好。

我们要调整异性"闺密"关系吗

不需要调整，但需要比较强大的精神力量——你抹茶大王和隔壁班的麻子都要气场强大。

世俗的干预，其实也正常。庄子说"小知不及大知，小年不及大年"并不是要否定"小知""小年"，他们也有自己的观念、兴趣、善恶、生活逻辑，他们也是合理的。反过来说，"大知""大年"也不应该取缔"小知""小年"的发言权和合理性。比较靠谱的是，大家增进了解，互安天命。

所以如果同学"废话"多了，你可以一笑而过或者白眼"亮剑"。他们知道了你的淡定或者愤怒，一般就会收敛。至于老师，我觉得还是要给点面子，既解释清楚你们友谊的关系，也表个态说自己会注意尺度，请她放一百二十个心。

师长在这种事情上过度干预，我觉得是不明智的，这令人想到龚琳娜的神曲："法海你不懂爱，雷峰塔会掉下来。"我这里改一改的话，那就是："老师你瞎干预，说不定就会变法海。"

关于当今的性别文化问题

这一部分基本上是我的废话了，你爱不爱听其实无所谓。我看到你在信中说："有时候女生之间不好说话，但和男生说话就没有那么多顾虑，可以想到什么说什么，所以很多时候，我更愿意和男孩子打成一片。"我当然理解你是个爽快人，所以比较受不了小女人的那一套，不过，有朝一日你还是要与各种女人打交道，自己也要以女人的身份在社会上打拼，那么，我就乱弹两句。

男女固然在天然上有性别的分别，但后天性格上的性别塑造依然是非常重要的。我们在童年之初，常常有一个不太清楚自己性别的阶段——女孩子喜欢枪炮也好，男孩子喜欢芭比娃娃也罢，大人都不甚在意；到了青葱岁月，就经常会听到父母这样的训诫："你怎么一点儿也不像男生啊?!""女生怎么可以这样?!"类似这种关于两性气质的归类，实际上在引导着我们成为后天意义上的男女，形成明确的性别意识，继而自觉地自我规训。

一般来说，女人像女人、男人像男人比较不会受到世俗社会的阻碍，相反的话，会多一些辛苦和不被理解。比如李宇春，她以独特的中性风在当年的选秀大战中杀出一片天，引来争议一片，无数人喜欢她，也有无数人不喜欢她。

随着世界文明发展得越来越开放、包容，后天的性别塑造尺度被极大地宽容，人性的性别压抑因此减轻。"女汉子""花样美男"这样的词语在当今大众流行文化的传播中也被人们所接受，这是好事。

说这些是希望你不要对"小女人"姿态报以绝对的排斥。每个人都有根据自己的意愿调整自己性格、气质的自由，只要是自己决定的，能够负责任的，都是合理与美好的。如果每个人都能理解他人的选择，我想大家都会不狭隘和更自由。

—— *Tips* ——

▲内心坦荡胸怀开阔，以强大的气场和淡定的心态去面对周围人的眼光

▲根据自身意愿调整性格、气质，是合理与美好的

　　鼎鼎大名的动漫《海贼王》，内容不用我多做介绍了吧！这部讲述青春、热血、梦想与激情的动漫，让人没有抵抗力。推荐它是想谈谈里面的友谊，让人羡慕的海贼王的友谊。他们航行于海上，互相信任、互相依赖、互相帮助，他们的友谊不被谎言所动摇，他们可以为了同伴的梦想放弃自己的生命，这样的友谊让人动容。有人觉得这种友谊太过理想化，只存在于动漫中，但我认为，努力经营，友情定不负你。

CHAPTER
05

班长的烦恼

Monitor's annoyances

　　《庄子·则阳》里有个故事，说在蜗牛的两个触角上，分别有两个国家，一个叫触氏，一个叫蛮氏，它们常常为了争夺土地而打仗，一打仗就死上万人……我们听了觉得可乐又可笑，不过，我们何尝不像蜗牛触角上的这两个小国家呢？放到宇宙一看，人世间的纷纷扰扰亦极可乐又极可笑。所以啊，警惕一不小心就沦为笑话哦。

Hello，夏烈!

我从小学一年级起就开始当班长，进入高中以后，我积极参加各种活动，除了担任班长，也还在校学生会担任副主席。可以说，我从小就是老师、家长眼中的佼佼者，可是我总是不能和同学搞好关系，这让我很苦恼。

进入高中以后，我与同学的矛盾越来越激烈，很多人讨厌我，说我太高调，说我仗着有老师撑腰为所欲为。我不知道这些同学为什么会这么想，虽然当了那么多年班长，可我自认为还是做不到处事圆滑，不知道该如何妥善地处理与老师、同学的关系。同学犯错的时候，我认为自己作为班长有责任去管，却常常遭人白眼；老师问我班上的情况时，我也不知道要怎么回答，是该帮同学们隐瞒不好的表现还是实话实说?

这个学期我减少了自己参加各种活动的次数，新一届的学生会选举我也不打算参加了，可就算这样还是会被同学非议，我真的不知道该怎么办了，你能帮帮我么?

SS

班长，你好!

你来信所述的事算是学生时代比较典型的一种情况。你今天发生的，早在十年、二十年或者五十年、一百年前，都在学生之间发生过。虽然个人身临其境的时候并不好受，但你不必烦恼，太阳底下无新鲜事，过去的人们经历了然后太平无事地生活着，你也一定会顺利经历这一切的。

关于目前让你深陷烦恼的问题，我一如既往地通过"一分析、二支招"的模式来帮你解决吧。谁让我曾经既担任过"讨同学厌"的班干部，又当过埋怨老师身边红人的普通群众呢——只有我这样的"双料人才"，才能知己知彼，如今过上不抱怨的人生啊!

学习成绩好的同学未必是好干部

虽然你未必是我在这里要说的那种智商高但情商不太高的同学，但我想先明确一点：古人常说"学而优则仕"，但其实"学而优"与"仕"之间并非充要关系。

古时的文人奉行学习的一个重要目的是当官，然后推行理想价值。可现在有各种渠道供我们发挥所长，不一定只有当官（做公务员)才是优秀人才。你不能要求有知识、有创意、有财富的比尔·盖茨去竞选总统，也不能因为袁隆平解决了中国人的粮食问题、贡献卓著就让他做农业部长。

很多同学成绩突出仅仅表明他们擅于学习，甚至仅仅表明他们擅于在现有教学模式下学习，所以，不能简单地把在学习文化知识、技能技巧等方面的能力高低与当不当干部画等号。学生干部需要沟通的智慧和服务他人的意识，能平衡好原则性和灵活性，在关键时刻能富有勇气、意志与判断力——这些都不是一张试卷可以评定的。

老师和同学们都应该逐渐明白这一点，让每个人的才能用在更合适的地方。这样，满意就会多一点，矛盾就会少一点。

师长喜欢和同学欢迎常常是两个标准

这一点也许更贴切于你的情况。在我的观察和研究中，很多学生干部得到师长的喜欢和赞赏，是因为他们严格按照"上面的"意志办事，相信师长的要求和命令是正确的，与之相违背的自然是错误的、有问题的。所以，他们以此论是非、判对错。

我想你能够坚决地执行师长的要求和命令，是因为你一方面很单纯、很善良，向往符合标准的成长和成才之路，以得到师长们的赞赏和鼓励；另一方面是因为你很有学习能力，能够完美地按照师长们制定的标准完成一切。

简言之，你是一个标准的优秀生，你让师长们相信他们制定的标准完全可以达成。

But! 不是每一个同学都能够或者说愿意成为标准优秀生的。另一个残酷的事实是，标准的优秀生未必在人生路上一直领袖群伦。比如，今天我们经常愿意当作成功案例的互联网精英马云，1982 年他高中毕业考大学，连连落榜，第三次才勉强被我目前任教的杭州师范大学（当时叫杭州师范学院)的英语本科录取。马云在高中不是班长，甚至很难说是优秀生，但这不妨碍他今天成为举世瞩目的互联网领袖人物之一。

正因为大多数同学都算不上标准的优秀生，学校和师长制定的标准不能让他们获得百分百的满足感，所以他们不希望老师、家长包括你代表的优秀生来裁判他们、要求他们、批评他们。他们更多地表现出自由乃至散漫、不合作甚至叛逆的姿态，来抵抗"好"的"标准"，这归根结底还是一条：希望获得更多人、更多份额的鼓励和赞扬。

所以谁拿老师说事、拿标准说事，刚好成为压抑他们希望和快乐的"替罪羊"。就这样，单纯善良的你成了普通同学假想的"镇压者"，这有点冤，也有点无奈。

优越感是妨碍我们平等理解别人的藩篱

你知道我是怎么得出你"单纯善良"的结论的吗？是因为你在来信中真诚地表达了你的苦恼和困惑。你纠结于自己按照老师的要求去对待同学却不被同学接受和理解，你在意同学对你的感受，甚至为了换一个平安，不准备参加学生会的换届选举。

同样地，你知道我是怎么看出你身上多多少少存在优越感的吗？也是因为你来信中的用词，比如"积极参加各种活动，除了担任班长，也还在校学生会担任副主席""我从小就是老师、家长眼中的佼佼者""同学犯错的时候，我认为自己作为班长有责任去管"。上述我加了着重号的地方是特别能体现你内在优越感的，这并没有什么错，因为我们对荣誉、责任和自我的付出理应珍视和自豪。不过当我们非常在意自己这种优秀之处或者对这些沾沾自喜之后，容易忽视别人同样具有值得我们惊叹、欣赏的才华。

其实我们总会有不如别人的地方，那么，即便他们不完美、不被老师叫好，我们也应该赞美他们、为他们叫好。只有善于发现和赞美别人的长处，才会更正确地认识自我和世界，才能理性地明白人与人的平等关系以及每个人（包括自己）独到的价值，并从此拥有宽阔开朗的心胸。

中国古代哲学其实很懂得这些道理，比如《老子》中用"上善若水"来概括像水一样柔顺包容的美好德行，禅宗用"倒空杯子"而不是守着满杯的水来比喻倾听他人见解和学习人生哲学的更好的方法。如果你有时间，都可以找来看看。

班长还要不要当，以及怎么当

说到这儿，你肯定要问，那我这个班长还要不要继续当？当的话要怎么当？我就简单地帮你支几招吧。

（1）乐观开朗总是与人相处的最好姿态。多微笑、多倾听、多做朋友，而不是先自己端起"小老师""优秀生"的架子，这恐怕是你改善人际关系的第一件要做的事情。

（2）平衡有度是作为学生干部或者将来真的"学而优则仕"的基本腕力。一边要听懂来自"上边"的师长们的要求，一边要考虑"下边"的同学、群众的各不相同以及各自的优缺点。要做到大的不要错，但又能宽容、具体地照顾不同人的情况，把握平衡、适当的尺度。这样，既有原则性，又有灵活性——这不是世故圆滑，而是科学地理解人性并讲人道——判别人事，切忌过于自以为是地"一刀切"。

（3）术业有专攻，不一定要从事自己不喜欢、没把握的工作。你如果确实觉得做班长、学生会主席之类的工作让自己非常辛苦甚至痛苦，那就做一点自己喜欢的、力所能及的事务，比如只承担某个委员的岗位，把更多的时间留给学习或其他自己喜欢且擅长的事，让自己成为成绩拔尖、将来有益社会发展的人，有什么不好呢？我们的社会发展还大大地缺比尔·盖茨、马云或者袁隆平呢。

以上所言，希望对你有用。或有谬误，仅供参考。

—— *Tips* ——

▲优越感是妨碍我们平等理解他人的藩篱，应善于发现和赞美他人

▲学习成绩优异未必就适合担任班干部，让才能用在适合的地方

▲做班干部需乐观开朗、平衡有度、术业专攻

如果大家对我说的《庄子》感兴趣，可以读读由陈鼓应先生所著、生活·读书·新知三联书店出版的《庄子浅说》。

陈鼓应先生是台湾著名学者，《庄子》研究专家。《庄子浅说》概括而精要地阐述了庄子的思想，并通过中西哲学比较，揭示庄子义理中包含的东方文化精华。它简明有序、清朗贯通，是引领陌生读者走进庄子世界的好向导。

CHAPTER
06

羡慕嫉妒恨啊

Green with envy

给一只猴子一块黄瓜，它很高兴；给另一只猴子一颗葡萄，第一只猴子就认为葡萄比黄瓜好，妒忌心起，很幽怨地看着你：这就是"妒生怨"的典型。人类之间也常如此，但人类的灵智总归要高一点才算人吧，所以别老在黄瓜和葡萄上自找别扭。

Hello，夏烈！写信给你是想和你谈谈妒忌心的问题，我快被自己的忌妒心折磨死了，却摆脱不了这种心态。

我今年读高一，不是自夸，我确实长得很漂亮，也爱打扮，喜欢唱歌跳舞。不过，班上要是有同学打扮得比我好看，我就会不高兴，忍不住要说那个人的坏话。

更烦人的是，我的成绩很差，而我的同桌却是个"学霸"。老师也太爱开玩笑了吧！把我们这样成绩一个天上一个地下的两个学生安排在一起。看她不费力地就能考出好成绩，我是真的羡慕嫉妒恨！她是不是事先知道了题目啊？哪能这么容易就考第一？看到她积极主动为班上做好事，我心里就更不舒服了，她这显然是爱表现自己！

总之，看到那些比我更出风头的人，我心里就憋得慌！无法克制自己不去议论他们，有时候，我还会为此烦躁得睡不着觉。别人都说女生善妒，你说我这样正常吗？

L 小姐

L，你好！

你的来信让我觉得非常有趣。并非幸灾乐祸，而是因为忌妒本身是一种很富表演性的情绪，它一定会让拥有它的人变得表情丰富、心理纠结、言行乖谬。总之，如果围观而不涉及自身安危的话，妒忌的故事会很好看。

所以，影视剧里特别喜欢设计充满忌妒心的角色，他们要么是喜剧式的丑角，要么是象征恶势力的男二号、女二号。拿 2014 年流行的韩剧做例子，《来自星星的你》中的大反派李载京（虽然这位是男三号），就是因为父亲把希望寄托在哥哥身上，家里一切荣耀、好处都是哥哥的，忌妒心起的他弑兄上位，走上了阴狠罪恶的不归路。

当然，忌妒又几乎是每个人一生中都会有的情绪，有时候适当的忌妒也是美丽的。同样说韩剧，《继承者们》里的两位男主角金叹和崔英道，就是因为对女主角车恩尚的爱彼此间产生了忌妒，才上演了一幕幕有趣的情节，让少男少女为之神魂颠倒。

忌 妒

从总的人类经验来看，忌妒基本是这样一种东西：一、"可以说，是人类最普遍、最根深蒂固的一种情绪"；二、"在通常人性的所有特点中，忌妒是一种最不幸的情绪"。这两句话都出自西方大哲学家罗素的著作《幸福之路·嫉妒篇》。我认为这两句话还是比较准确的，可以用来增进我们对忌妒的认知，也可引用作为你自己思考妒忌问题的参照。

稍微阐释一下。第一点，既然妒忌是人类最普遍、最根深蒂固的情绪，那么就可以认为它是无法根除、广泛存在的，它和正能量比如善良与爱，负能量比如贪婪与暴力一样，都将长期存在于人类世界。因此，你也没必要杞人忧天，或者因为自己妒忌的炽烈走向过分自责以至于自怨自艾的一面。我们要客观地、理性地认识它，和它为伴，进而有效地管理它，这就是最好的态度，也是最好的结果了。

第二点，妒忌又是人类情绪中比较"不幸"的。在西方宗教所总结的人类"七宗罪"——傲慢、妒忌、暴怒、懒惰、贪婪、贪食、色欲之中，妒忌不像别的"罪"，可以让投入者多多少少感受到一点放纵的愉悦。妒忌这宗"罪"，带给自己的只有痛苦，或者说只有通过痛苦才能品味到妒忌的强烈刺激。所以妒忌多了，受苦的总是自己。你看，过分妒忌、经常性妒忌是不是一件很不合算的事情？有可能损人，却绝不利己。所以，克制、缓和自己的忌妒心才是聪明的办法。

具体来讲讲你的妒忌，我觉得可以通过几个关键词的分析来说说你心理状态的几个层次。

样　貌

　　你在妒忌别人之前其实已经拥有了值得别人妒忌的本钱，对别人"打扮好看"心生妒忌，忍不住争强好胜，将你在样貌上的自信直接推向随时可能不自信的悬崖。

　　你对自己的容貌充满了自信："不是自夸，我确实长得很漂亮，也爱打扮，喜欢唱歌跳舞。"如果你的漂亮确实是公认的，那么，你在妒忌别人之前其实已经拥有了值得别人妒忌的本钱，你也是天生有优势的女生。

　　我们面对自身优势，一般有两个心理倾向：一种是知足型的，告诉自己应该满足和保护，不能样样好处都归我一个人所有，我把自己的长处用好、珍惜好，不会比别人差；另一种是竞争型的，我既然漂亮，理应成为关注焦点，所以别的好处也必须有，一定要高人一头，拥有制高点。

　　看起来你属于后者，但是似乎你没有享受已有的好处——因为来信没有充分描绘别人对你漂亮的赞美和羡慕，更多的是考虑自己没有的东西。虽然竞争型人格也未必是不好的，但过度妒忌之后首先会令幸福感降低。比较糟糕的是你居然会对别人"打扮得好看"心生妒忌，这已经突破某个临界点，将你在样貌上的自信直接推向随时可能不自信的悬崖，这点你必须警惕。

成 绩

你深层的不自信来自"成绩很差",在这个环境中要树立自己的优势地位,只能先把竞争的心放到学习上,并且,认识自己比莽撞的妒忌更重要。

你拿来跟样貌比较的主要是同桌的成绩优势:"我的同桌却是个'学霸'……看她不费力地就能考出好成绩,我是真的羡慕嫉妒恨!她是不是事先知道了题目啊?哪能这么容易就考第一?"可见,你深层的不自信来自"成绩很差"。在学校这么一个以学习为中心,或者再简化一下以考试成绩为主要衡量标准的环境中,你的自尊心完全受到挑战,你其实是一个"不自信"的孩子。

我要告诉你的是,在这个环境中要树立自己的优势地位,只能先把竞争的心放到学习上,你有没有可能、有没有毅力尝试在学习上坚持一下,至少赶到中等水平,而不是目前的"很差"?因为对一个自尊心很强、喜欢妒忌的人来说,不被人瞧不起、不被自己瞧不起的最好办法就是化妒忌为动力。除非你修炼成另一种性格,淡化你的竞争心,承认自己的位置,享受已有的好处,放低姿态规划人生。

从另一个角度来劝解你,我也可以说,环境决定评价标准。一旦你将来成长了,换了生活环境,处境未必那么糟糕。你可能有不错的商业头脑，可能有不错的交际能力，可能热爱艺术……这些都会让一个人成为起初看似笨拙而将来独当一面的人物。所以，认识自己比莽撞的妒忌更重要。你知道自己喜欢什么、擅长什么、适合做什么吗？不要把时间浪费在无聊的情绪冲动上哦。

议论他人

你议论别人的负面信息多了，对那个人其实没有多少直接的作用，反而使你自己充满负能量、心情烦躁，所以，埋头做自己的事吧。

你的来信最有戏剧感的就是你说自己一定会施加对他人的议论，这些议论都是以妒忌味儿很浓的假想、猜测、贬损、恶意攻击为主的，这自然情况不妙。究其原因，我觉得一是性格心态"爱出风头"、虚荣心强，二是少了埋头做自己的事的精神。

如果做不到夸奖别人，那么最好就是不议论别人。古人讲"病从口入，祸从口出"，而无论佛道还是儒家，都要求人们"积口德"，所谓"要想运势好，口德很重要"。

我最想告诉你的对付议论妄想的办法是：埋头做自己的事！你看农夫，埋头耕田，从松土、播种、浇水、施肥开始，到看见禾苗成长最后获得丰收，他每天都到自己的地里劳动两下子。有这件事情在做，人就踏实了，时候到了，绝对有收成。所以，你要用农夫的办法，找点自己能做的、想奋斗的目标去执行，切莫看着别人的好就心中不忿——那多半是闲得慌、懒得慌。

我已经帮你分析了大概，也帮你纾解了紧张情绪，关键还看你自己的认识和执行。如果你用了我的"方子"还有问题，再来"挂号看门诊"吧。

祝你早日"痊愈"，美丽聪明，让别人"妒忌"去!

—— *Tips* ——

▲妒忌是人类最普遍、最根深蒂固的一种情绪，也是一种最不幸的情绪

▲过度妒忌会降低幸福感。学会将过剩的嫉妒转化为前行的动力

▲做不到夸奖别人，那么最好就不要议论别人，埋头做自己的事，绝对会有收获

　　今天向大家推荐的是《伊索寓言》。里面的故事大都通过动物的行为活动反映人的心理活动和思维方式。有的教导人们要正直、勤勉；有的告诫人们不要骄傲、不要说谎；也有的说明办事要按照规律来、量力而为等各种人生道理。

　　也许你会说："哎呀，这个在我读幼儿园的时候就看过啦！"但是，书中讲述的那些有益的道理你真的都领悟并且努力为之了吗？